Marc-Wilhelm Kohfink

Bienen halten in der Stadt

46 Farbfotos
33 Zeichnungen

Ulmer

Inhalt

Imkern in der Stadt – geht das?

Es geht – und wie! Darum halte ich in Berlin 60 Bienenvölker und liege damit voll im Trend. Denn immer mehr der fleißigen Nektar-sammlerinnen sind über den Dächern von Berlin, Hamburg, München und vielen anderen Groß- und Mittelstädten, die mehr als 20.000 Einwohner haben, unterwegs. Matthias Horx, Deutschlands führen-der Zukunftsforscher, stellte im April 2008 fest: „Junge Großstädter entdecken ein altes Hobby wieder: das Imkern. Sie stellen auf ihren Dachterrassen Beuten auf. 500 Großstadtimker gibt es derzeit allein in Berlin. Tendenz: steigend."

Andere Länder haben es uns vorgemacht: Seit 1985 fliegen die Bie-nen des Pariser Theaterdekorateurs Jean Paucton vom Dach seines Arbeitsplatzes, der Garnier-Oper, in die Parks der französischen Hauptstadt. Ihren Honig verkauft er als „Miel béton" zum sensatio-nellen Preis von 15 € je 125 g-Glas im Shop des Musiktheaters.

Im New Yorker Stadtteil Manhattan hält der ehemalige Busfahrer David Graves seit über zehn Jahren 13 Bienenvölker. Auch sein „Roof Top Honey" ist heiß begehrt.

Acht gute Gründe

Uns Menschen erscheinen Städte oft als grau und lebensfeindlich. Doch Bienen sehen das offenbar ganz anders. Sie fühlen sich in der Stadt rundum wohl! Diese Tatsachen sprechen dafür:

1. Parkanlagen, Hausgärten, Alleen, verwilderte Grundstücke, ja selbst Verkehrsinseln und Balkonpflanzen bieten den Bienen vom Krokus im Frühjahr bis zur Goldrute im November stets einen reich gedeckten Tisch. Irgendwo findet sich immer ein mit Nektar gefüllter Blütenkelch.
2. Bienen sind wärmeliebende Tiere und Städte sind immer um 2 bis 3 °C wärmer als das Umland. Das heißt: Stadtbienen sind im Früh-jahr zeitiger und im Herbst länger unterwegs.
3. Stadtimker ernten deutlich mehr Honig als Landimker. Das beweist die Statistik des Deutschen Imkerbundes Jahr für Jahr. Berliner Imker können sich über bis zu 47 kg Honig jährlich pro Volk freuen. Bei ihren Hamburger Kollegen sind es 40 kg. Hinge-gen müssen sich Imker in Bayern mit 27 kg begnügen und bei den sparsamen Badenern sind auch die Bienen zugeknöpft. Nur 22 kg Honig fällt dort für die Imker im langjährigen Jahresdurchschnitt

ab. Es sind also die Stadtimker, die mit hohen Erträgen den Durchschnitt von 30 kg pro Jahr und Volk nach oben ziehen.

4. Bienen passen problemlos zur städtischen Lebensführung. Sie brauchen – bis auf zwei Tage im Jahr – nicht gefüttert zu werden. Niemand muss mit Bienen „Gassi" gehen. Sie können sich selbst überlassen werden, wenn der Imker mit seiner Familie in den Urlaub reist.

5. Stadtimker kümmern sich um ihre winzigen Lieblinge oft hingebungsvoll, denn für viele ist dieses spannende, abwechslungsreiche und natürliche Hobby der perfekte Ausgleich zum Job im Büro oder in der Firma.

Ein Besuch beim Imker ist für Stadt-Kindergartenkinder der Höhepunkt.

6. Auch wenn der Honigverkauf für die allermeisten Stadtimker nur ein Nebenaspekt ihres Steckenpferds ist, sie freuen sich doch darüber, dass sie für ein Glas ihres Stadthonigs einen durchschnittlich 30 % höheren Erlös erzielen als ein Landimker.
7. Imkern in der Stadt ist unbürokratischer, da Sie mit Ihren Bienen weder auf Naturschutzgebiete (Naturschutzrecht) noch auf Landstriche achten müssen, in denen reinrassige Bienen gezüchtet werden (sogenannte Belegstellen nach Tierschutzrecht).
8. Und schließlich werden in der Stadt weder aggressive Pflanzenschutzmittel gegen Insekten versprüht noch besteht die Gefahr, dass genveränderte Pflanzen angebaut werden.

Kurz: Bienen und Stadtmenschen passen perfekt zusammen!

Stadtimkern ist anders

Mögen Städte Bienenparadiese sein – für Stadtimker ist ihr Hobby oft eine Herausforderung. Denn Städte sind eng.

Wenn Sie über Ihren Einstieg in die Imkerei als Hobby nachdenken, werden Sie sich ganz schnell diese Fragen stellen:

- Wo kann ich das Imkern lernen?
- Wohin stelle ich meine Bienen?
- Was werden meine nächsten Nachbarn dazu sagen?
- Wie viel Arbeit machen Bienen?
- Wie kann ich in meiner Wohnung Honig verarbeiten?
- Gibt es auch platzsparende Imkereigeräte?
- Müssen meine Bienen registriert werden?
- Kann ich Bienen nicht einfach nur zum Anschauen halten?

Auf alle diese Fragen erhalten Sie in diesem Buch Antworten. Sie erfahren, wie Sie ein faszinierendes Hobby unter den besonderen Bedingungen in der Stadt betreiben können. Freuen Sie sich auf Ihren ersten selbstgeschleuderten Honig.

Dr. Marc-Wilhelm Kohfink, Berlin

Die Stadt, die Bienen und Sie

Wer Bienen hat, lebt mit den Bienen, nicht umgekehrt. Bienen lassen sich nicht dressieren. Sie passen sich also nicht wie Hunde ihrem Frauchen oder Herrchen an. Daher sollten Sie sich am Anfang darüber klar werden, ob die Bienen zu Ihnen passen. Können Sie die Frage bejahen, brauchen Sie noch einen geeigneten Standort. In diesem Kapitel erfahren Sie, wo sich Bienen in der Stadt am wohlsten fühlen, und wie Sie in das neue Hobby sogar ohne eigenen Garten starten können.

Persönliche Voraussetzungen: Haben Sie das Zeug zum Imker?

Wenn Sie das einschlägige Werbematerial der Imkerverbände und Landwirtschaftskammern danach durchblättern, welche persönlichen Voraussetzungen Sie als angehender Imker mitbringen sollten, finden Sie in der Regel so pauschale Aussagen wie diese: „Imkerei ist etwas für Jede und Jeden". Dabei sagt Ihnen schon der gesunde Menschenverstand, dass es nichts gibt, das für jeden Menschen gleichermaßen passt!

In der Stadt gibt's für die Bienen immer etwas zu holen, so wie hier an einer Staude der kanadischen Goldrute.

Selbsttest: Bin ich als Imker geeignet?

Dieser Test hilft Ihnen dabei, alle offenen Fragen zu beantworten. Am besten, Sie setzen sich an einem ruhigeren Sonntagnachmittag alleine und ohne Ablenkung hin und beantworteten die folgenden Fragen. Machen Sie sich einige Notizen, wenn Fragen auftauchen, die Sie jetzt noch nicht beantworten können, weil Sie sich noch nicht damit beschäftigt haben. Informieren Sie Ihren Partner über Ihr Vorhaben. Weil Selbst- und Fremdwahrnehmung oft stark voneinander abweichen, ist es wichtig, dass Sie zu allen Fragen auch die Einschätzung Ihres Partners hören. Fragen Sie Ihn, wie er zu Ihrem Vorhaben, Imker zu werden, steht.

Klären Sie Ihre Einstellung zum Thema Imkerei

❑ Bienen zu halten bedeutet, Verantwortung für Lebewesen zu übernehmen. Sind Sie sicher, dass Sie nicht aus einer Laune heraus Imker werden wollen, nur um sich zum Beispiel von anderen abzuheben?

❑ Sind die Ziele, die Sie mit Ihrer Imkerei erreichen wollen, zum Beispiel Erholung und Naturnähe zu finden, realistisch?

❑ Haben Sie Ihr Vorhaben gut durchdacht und sind Sie davon überzeugt, dass Sie genug Muße dafür aufbringen?

❑ Werden Sie sich ausreichend Zeit dafür nehmen, sich intensiv genug mit den Grundlagen der Bienenhaltung zu beschäftigen?

❑ Sind Sie in der Lage, sich ein realistisches Bild von der Bienenhaltung in der Stadt zu machen?

❑ Kennen Sie Imker unter Ihren Kollegen, Bekannten, Freunden oder Verwandten?

Fragen Sie nach Ihren persönlichen Voraussetzungen

❑ Verbringen Sie gerne Zeit in der Natur und mit Tieren?

❑ Sind Sie gesund, körperlich fit, und können Sie gut sehen?

❑ Achten Sie darauf, auch körperlich fit zu bleiben?

❑ Haben Sie mit Ihrer Familie darüber gesprochen, was sich durch die Bienenhaltung ändern könnte, zum Beispiel keine längeren Urlaube im Mai und Juni?

❑ Hält Ihnen Ihre Familie den Rücken frei, wenn Sie regelmäßig und zeitintensiv zu Ihren Bienen verschwinden?

❑ Sind Sie bereit, sich am Ende eines Arbeitstages oder am Wochenende um Ihre Bienen zu kümmern?

❑ Bewahren Sie einen kühlen Kopf, wenn Sie mit Situationen konfrontiert werden, die neu für Sie sind, zum Beispiel wenn Ihre Bienen ein unbekanntes Verhalten zeigen?

❑ Können Sie sich von Stresssituationen schnell erholen?

- ❏ Können Sie sich auf Situationen planmäßig vorbereiteten, zum Beispiel im Winter bereits Vorbereitungen für die nächste Saison treffen?

- ❏ Sind Sie wissbegierig und wachsen Sie gerne mit Ihren Aufgaben?

- ❏ Suchen Sie sich Hilfe, zum Beispiel in der Fachliteratur, im Internet, bei Kollegen oder Fachleuten, wenn Sie ein bestimmtes Problem nicht selbst lösen können?

- ❏ Können Sie unterschiedliche Auffassungen akzeptieren, zum Beispiel über das angeblich einzig richtige Rähmchenmaß, ohne sich dadurch verunsichern zu lassen?

- ❏ Haben Sie die Erfahrung gemacht, dass Sie aus Ihren Fehlern lernen?

- ❏ Kennen Sie Ihre persönlichen Grenzen und Ihre Leistungsfähigkeit?

- ❏ Haben Sie den Eindruck, dass Sie Ihre Gesprächspartner von Ihren Argumenten überzeugen und von Ihren Ideen begeistern können?

- ❏ Können Sie sich gut in andere Menschen hineinversetzen, zum Beispiel in solche, die Angst vor Insekten haben?

Bestimmen Sie Ihr fachliches und organisatorisches Know-how

- ❏ Verfügen Sie bereits über Vorerfahrungen im Umgang mit Bienen?

- ❏ Haben Sie schon einmal einen Imker bei der Arbeit beobachtet?

- ❏ Sind Sie bereit, sich fehlendes Wissen anzueignen?

- ❏ Haben Sie eine Imkerzeitschrift abonniert oder wollen Sie das tun?

- ❏ Haben Sie schon einmal im Internet nach Informationen für Anfänger gestöbert?

- ❏ Kennen Sie einen Imkerverein in Ihrer Nähe, wo Sie von erfahrenen Imkern lernen können?

- ❏ Haben Sie Grundkenntnisse in Werbung und Verkauf?

- ❏ Wissen Sie (nach der Lektüre dieses Kapitels) welche behördlichen/formalen Aufgaben Sie beim Start mit der Imkerei erfüllen müssen?

- ❏ Wissen Sie schon, wo Sie Ihre Bienen eventuell aufstellen könnten?

- ❏ Sind Sie handwerklich-praktisch begabt?

- ❏ Haben Sie schon Kontakte zu möglichen Abnehmern Ihres Honigs, zum Beispiel Kollegen, Verwandte und Freunde?

Auswertung

Wie oft konnten Sie die gestellten Fragen mit „Ja" beantworten? Je öfter das der Fall war, desto eher erfüllen Sie die Voraussetzungen für eine Imkerei, die Ihnen Freude, Entspannung und persönliche Befriedigung bringt. War es nur ein paar Mal? Aber Sie haben das Gefühl, Sie möchten viel mehr wissen? Dann lesen Sie erst einmal weiter. Informieren Sie sich auch anderweitig und wiederholen Sie den Test zu einem späteren Zeitpunkt nochmals.

Am besten, Sie stellen sich einmal einen typischen Imker vor. Wahrscheinlich strahlt dieser Mensch Ruhe aus, ist naturverbunden, denkt und handelt praktisch. Fragen Sie sich nun, ob dieser Mensch Ihnen sympathisch ist und ob Sie ihn sich als „Imkerkollegen" vorstellen könnten. Falls dieses Bild bei Ihnen angenehme Gefühle auslöst, haben Sie die richtige innere Einstellung zum Imkern.

Denn auf Sie kommt es an. Sie sind der Dreh- und Angelpunkt Ihrer Imkerei. Dabei ist die Imkerei ein Hobby, das nicht nur Ihnen sondern auch anderen Menschen viel Freude machen kann. Man wird Sie darum beneiden, und Sie werden Lob für Ihren Honig erhalten. Dies ist aber leider nur die eine Seite der Medaille!

- Als Imker stoßen Sie auch auf Unkenntnis, Ängste und Vorurteile.
- Sie werden erleben, dass Banausen Ihre Bienen mit Wespen und Spinnen gleichsetzen.
- Möglicherweise werden Ihnen angebliche Tierschutzaktivisten „Massentierhaltung" vorwerfen und militante Veganer Ihren Honig schmähen.
- Ihr Hobby wird zunächst mehr Geld kosten als es einbringt.
- Ihre Bienen werden Sie immer wieder vor Rätsel stellen, und Sie werden sich nicht nur einmal fragen: „Was machen die denn da bloß?"

Daher müssen Ihre persönlichen Voraussetzungen stimmen. Sie brauchen als Imker fachliches Wissen und auch etwas unternehmerisches Denken. Von Ihrem Partner oder Ihrer Familie benötigen Sie ein ordentliches Maß an Verständnis.

Standortwahl – warum Bienen die Stadt lieben

Nach diesen langwierigen, aber doch absolut notwendigen Vorüberlegungen haben Sie für sich den Entschluss gefasst, Imker zu werden. Gratulation: Jetzt geht das Abenteuer richtig los!

Wie immer, wenn Sie sich etwas Neues zulegen, steht am Anfang die Frage: Wohin soll ich die Neuanschaffung stellen? Wo ist der richtige Platz dafür? Darin unterscheiden sich Bienen nicht von einer Topfpflanze oder diesem Buch.

Finden Sie den besten Standort – für sich und Ihre Bienen
Wenn Sie sich auf die Suche nach einem geeigneten Standort begeben, vergegenwärtigen Sie sich am besten diese Tatsache: Bienen sind ursprünglich Waldtiere. Sie leben in hohlen Bäumen und fliegen durch ein Astloch oder eine vom Specht geschaffene Öffnung ein und aus. Hohle Bäume kommen in naturbelassenen Wäldern in jeder

Form und Größe vor. Die Fluglöcher der Bienen zeigen in jede erdenkliche Himmelsrichtung.

Das heißt für Sie: Im Prinzip gibt es keine Vorgaben, welche Rahmenbedingungen unbedingt erfüllt sein müssen, damit einen Standort gut für Bienen ist. Sie benötigen auch kein Bienenhaus! So können Sie ganz unbefangen nach einem Standort suchen, der sich vor allem für Sie als angehendem Imker am besten eignet. Beschäftigen Sie sich erst danach mit der Frage, wie Sie Ihre Bienenkästen am bienenfreundlichsten aufstellen.

Der eigene Garten oder das Grundstück hinter dem eigenen oder gemieteten Haus ist auch in der Stadt der beliebteste Ort, um den Bienen am nächsten zu sein. Die nützlichen Tiere werden ein Teil Ihres persönlichen Umfelds, und wenn Sie an freien Tagen hinaus ins eigene Grün gehen, sind Ihre Bienen da.

Doch nicht jeder Imker kann einen Garten sein Eigen nennen. Zum Glück gibt es in der Stadt trotzdem viele Möglichkeiten, den Traum vom eigenen Bienenhonig wahr zu machen. Hier sind einige Möglichkeiten, wie landlose Imker zu Stellplätzen für ihre Völker kommen.

An einem halbschattigen Plätzchen im Hausgarten fühlen sich Bienen wohl.

Naturschutzverbände: Bundesweite Naturschutzverbände wie zum Beispiel der NABU oder regionale Organisationen wie die Gesellschaft für ökologische Planung (GÖP) in Hamburg unterhalten Naturschutzstationen oder kümmern sich um Naturschutzgebiete. In der Regel sind diese Organisationen dem imkerlichen Wunsch nach einem Standplatz für Bienen aufgeschlossen, denn Bienenhaltung ist praktizierter Naturschutz. Ansprechpartner können das Grünflächenamt in Ihrer Stadt oder die Naturschutzverbände selbst sein.

Forsten: Diverse Forstreformen haben dazu geführt, dass die Forstverwaltungen Jagdhütten, Holzlagerplätze und andere Liegenschaften aufgeben mussten. Sie haben die Möglichkeit, gegen eine geringe Pacht solche Flächen zu nutzen. Achten Sie darauf, dass sie in einem lichten Mischwald liegen. Ansprechpartner ist die Forstverwaltung, die Ihnen die Grundstücksverwaltung mitteilt, welche die Verpachtung regelt. Oder Sie wenden sich an Ihren nächsten Revierförster. Er hilft Ihnen gerne, denn Förster sind immer auch Bienenfreunde.

Schulen: Um Stadtkindern die Natur und die Herkunft von Lebensmitteln nahe zu bringen, haben vor allem Grundschulen Schulgärten. Einige Stadtimker halten ihre Bienen in einer geschützten Ecke des Gartens. In der Regel wird als Gegenleistung aber erwartet, dass der Imker eine Bienen-Arbeitsgemeinschaft betreut und sich auch sonst in das pädagogische Konzept der Schule einbinden lässt. Ansprechpartner ist die Schulverwaltung oder die jeweilige Schulleitung.

Kleingartenkolonien: Laut Bundeskleingartengesetz sind die Pächter auf ihren maximal 400 qm großen Parzellen verpflichtet, Obst und Gemüse anzubauen. Daher freuen sie sich in der Regel darüber, wenn ein Imker mit seinen Bienen für die Bestäubung der Nutzpflanzen sorgt. Sie können sich um eine eigene Parzelle bemühen. Es geht aber auch ohne. Oft gibt es in den Kolonien unpraktisch geschnittene Randgrundstücke oder ungenutzte Flächen, die Ihnen gerne überlassen werden, wenn Sie dort Bienenkästen aufstellen möchten (Kleingartenvereine siehe Service, Seite 171).

Versorgungsunternehmen: Wasser- und Stromversorgungsunternehmen sowie die Stadtreinigung verfügen über große Liegenschaften und Bauhöfe, die immer wieder von Imkern mitgenutzt werden. Dafür sind kleinere Einschränkungen in Kauf zu nehmen. So dürfen Sie im Wasserschutzgebiet nur dann Ihren Wagen abstellen, wenn Sie sofort eine flache Wanne unter den Motorraum schieben, damit möglicherweise auslaufendes Öl den Boden nicht verunreinigt.

Sonstige Unternehmen: Vielleicht überlässt Ihnen zum Beispiel eine Schlosserei oder ein anderes Handwerksunternehmen eine Ecke des Betriebsgeländes, um dort einige Bienenvölker aufzustellen. Doch auch bei Großunternehmen lohnt sich die Nachfrage. So stehen auf dem Gelände des Hamburger Flughafens sechs Bienenvölker. Offiziell dienen Sie der Schadstoffmessung. Doch keine Sorge: Gesundheitsge-

Tipp

Einen Anspruch, Ihre Bienen auf einem der Grundstücke eines Versorgungsunternehmens abzustellen, haben Sie selbstverständlich nicht. Aber Sie können ja einmal nachfragen.

Lassen Sie sich in der Telefonzentrale sofort mit der Pressestelle verbinden. Erzählen Sie den Mitarbeitern in der Telefonvermittlung nicht, warum Sie anrufen. Denn da Ihr Anliegen so ungewöhnlich ist, verwirren Sie die Mitarbeiter dort nur. Die Pressestelle hingegen ist immer direkt an den Vorstand angebunden. So haben Sie den direkten Draht zu den Entscheidungsträgern. Da besonders Versorgungsunternehmen inzwischen viel Wert auf Umweltschutz legen und deren Vermarktung in die Zuständigkeit der Pressestelle fällt, sind Sie dort mit Ihrem „grünen" Anliegen immer richtig.

fährdendes wurde noch nie im Honig oder Pollen gefunden. Die Bienen haben für Großunternehmen noch einen anderen Effekt: Sie sind die Sympathieträger des jährlichen Umweltberichts. Der Leipziger Berufsimker Peter Rappsilber hat daraus sogar eine Geschäftsidee gemacht, indem er Unternehmen seine Bienen als Bioindikatoren und Sympathieträger anbietet. Ansprechpartner sind die Pressestellen und die betrieblichen Umweltbeauftragten.

Makler: Mancher Makler hat in seinem Portfolio seit Jahren Grundstücke, für die es keine Interessenten gibt, zum Beispiel an Bahndämmen, stark befahrenen Straßen oder auf Industriebrachen. Er stellt den Kontakt zum Verkäufer her, der von Ihnen in der Regel als Gegenleistung für das Aufstellen der Bienenvölker erwartet, dass Sie das Grundstück in Schuss halten. Ansprechpartner sind Grundstückseigentümer und Makler.

Balkon, Dach und Kammer: Bienen können auch auf Balkonen und Dächern gehalten werden. Es gibt immer wieder Imker, die einige, wenige Bienenvölker ganz nah an ihrer Stadtwohnung betreuen. Friedliebende Bienen und das Einverständnis des Vermieters sind dafür notwendig. Es soll sogar Imker geben, die Bienen in einer unbeheizten Kammer ihrer Wohnung halten. Dazu wird ein Loch in den Fensterrahmen gebohrt und mit einem Rohr versehen, das in den Bienenkasten führt und den Bienen so das Ausfliegen ermöglicht. Eine solche Konstruktion können Sie zum Beispiel in Weimar im Deutschen Bienenmuseum und in Füssen im Walderlebniszentrum Ziegelwies bestaunen.

Sonstige: In der Praxis gibt es Imker, deren Bienenvölker bei Freunden, Verwandten oder Arbeitskollegen stehen. Es gibt Gemeinschaftsstände, an denen sich mehrere im gleichen Verein organisierte Imker

Innerstädtische Grün-
flächen und Brachen
decken den Bienen
einen reichen Tisch.

einen Standort teilen. Mancher hat seine Bienen auf dem Betriebsge-
lände seiner Arbeitsstätte stehen. Sie sehen: Irgendwo findet sich
immer ein Plätzchen für die Bienen.

Welcher Standort hat das beste Kleinklima?

Das Klima auf dem Land und in der Stadt unterscheidet sich. Das
hängt damit zusammen, dass in der Stadt mehr natürliche Bodeno-
berfläche versiegelt ist. Außerdem heizt sich die Stadt aus vielen
Quellen – von Heizungen bis zu Motoren – stärker und schneller auf
als die Umgebung. Im Winter ist die Lufttemperatur um durchschnittlich 3 °C höher, die Frostperioden sind um 25 % kürzer, die Luftfeuchtigkeit ist um 6 % niedriger und die Winde blasen um 25 % schwächer
als im Umland. Ingesamt beschert all dies Ihren Bienen eine acht bis
zehn Tage längere Vegetationsperiode. Stadtbienen sind im Frühjahr
schon auf Pollen- und Nektarsuche, während sich ihre Kolleginnen
auf dem Lande noch „müde die Augen reiben".

Checkliste

Anforderungen an einen guten Standort

Auch in der Stadt ist nicht jeder Standort optimal für die Bienenhaltung geeignet. Anhand dieser Kriterien prüfen Sie nicht nur, ob ein Standort für Bienen gut geeignet ist, sondern auch, ob Sie die Bienenkästen (Beuten) bienenfreundlich aufstellen können.

❑ Die Fluglöcher zeigen nicht in Richtung eines unmittelbar angrenzenden offenen Gewässers, in dem die schwer beladenen Bienen ertrinken könnten.

❑ Der Standort liegt nicht am Fuße eines bewaldeten Hangs, von dem ständig Kaltluft nach unten strömt.

❑ Die Fluglöcher gehen nicht gegen einen Hang, sodass Kaltluft in die Völker gedrückt wird.

❑ Die Fluglöcher sind nicht genau nach Süden, sondern besser nach Südosten ausgerichtet.

❑ Der Standort liegt nicht in einer Senke, in dem kalte Luft und Nebel wie in einem See liegen bleiben.

❑ Die Bienen stehen nicht in einem zugigen Windkanal, wie in unmittelbarer Nähe einer stark befahrenen S-Bahnlinie oder zwischen zwei eng zusammenstehenden Gebäuden.

❑ Die Beuten stehen nicht im Süden einer hufeisenförmigen Siedlung oder Gebäudeansammlung, in der sich der Wind in Wirbeln fängt.

❑ Es kann bei Nacht kein künstliches Licht, zum Beispiel aus einem hell erleuchteten Zimmer oder einer Straßenlaterne in die Fluglöcher scheinen.

❑ Die Bienenkästen stehen nicht an einem Ort, wo durch Schwerlastverkehr oder durch Maschinen der Boden dauernd und unregelmäßig erschüttert wird. An regelmäßige Erschütterungen durch Eisenbahnverkehr nach Fahrplan gewöhnen sich Bienen hingegen.

❑ Die Bienen fliegen nicht direkt in den Nachbargarten, sondern über das eigene Grundstück aus.

❑ Der Bienenstandort ist mit einer Hecke oder Sichtschutzwänden vor neugierigen Blicken geschützt.

Auswertung

Je mehr dieser Aussagen Sie zustimmen konnten, desto besser ist Ihr Standort für die Bienenhaltung geeignet. Wenn Sie zwei oder drei Mal „Nein" angeben mussten, schließt dies die Bienenhaltung an diesem Ort aber nicht aus. Starten Sie trotzdem! Bienen sind unempfindlicher, als Sie wahrscheinlich vermuten. Und schließlich können Sie auch Gegenmaßnahmen ergreifen, indem Sie zum Beispiel an einem zugigen Standort die Kaltluft stoppen, indem Sie eine hölzerne Windschutzwand aus dem Baumarkt entsprechend aufstellen.

Wo Sie Ihre Bienen aufstellen dürfen

Sie können Bienen im Prinzip überall in der Stadt halten. Aber dürfen Sie das auch? Die Antwort lautet: In der Regel ja, wenn die Tiere niemand belästigen!

Immer wieder kommt es vor, dass sich Nachbarn bei der Nutzung ihres Gartens durch Bienen beeinträchtigt fühlen. Genannt werden dann folgende Gründe:

- Sie fühlen sich durch den Ein- und Ausflug von Bienen bedroht.
- Sie fürchten sich vor Stichen und glauben oder geben vor, dagegen allergisch zu sein.
- Sie beklagen sich über die Verschmutzung von Wäsche, Autos und Fensterscheiben im Vorfrühling.
- Sie ängstigen sich vor Bienenschwärmen oder sie empfinden das Gesumme der fleißigen Insekten als Fluglärm.

Falls es zwischen den Nachbarn zu keiner Einigung kommt, beschäftigt sich das zuständige Amtsgericht mit dem Nachbarschaftsstreit. Der Richter prüft, ob der klagende Nachbar die Bienenhaltung dulden muss. Dabei orientiert er sich an den „Emissionen" die von dem Bienenstand ausgehen. Dazu zieht er vorwiegend die §§ 906 und 1004 BGB heran.

Im **ersten Schritt** prüft der Richter, ob die Bienenhaltung an dem Standort ortsüblich ist. Auf dem Land liegt der Fall einfach: Wo Landwirtschaft betrieben wird, gehören Bienen mit dazu. In der Stadt ist das schon etwas komplizierter. In allgemeinen Wohngebieten und Mischgebieten dürfen Bienenstände errichtet werden, die aus ein bis zwei Dutzend Bienenkästen bestehen. Es sind auch mehr Völker erlaubt, wenn die Bienen genug zum Sammeln finden. Dabei genießt ein Imker sogar den Schutz des Grundgesetzes. Er kann sich zum Beispiel auf die freie Wahl des Wohnsitzes und des Berufes sowie die Gewerbefreiheit berufen.

In reinen Wohngebieten ist eine Freizeitimkerei mit bis zu sechs Völkern möglich, wenn Ihre Nachbarn hier Hunde, Katzen, Kaninchen, Tauben und andere Kleintiere halten oder Hausgärten mit Obstbäumen existieren. Dann werden Sie als Imker durch das im Grundgesetz verankerte Recht auf freie Entfaltung der Persönlichkeit, das auch die Wahl von Liebhabereien umfasst, geschützt. Kurz: Wo der Hund Ihres Nachbarn bellt, dürfen auch Ihre Bienen nach Herzenslust summen und fliegen.

Für den unwahrscheinlichen Fall, dass es in Ihrer Umgebung weder Gärten noch Tiere gibt, müssen Sie auf Bienen trotzdem nicht verzichten. Wenn ein anderer Imker im regelmäßigen Flugkreis von rund zwei Kilometern einen Bienenstand betreibt, gilt die Imkerei als

„Wenn ich hier oben bei den Bienen bin, vergesse ich die ganze Hektik der Stadt", sagt diese Berliner Imkerin.

ortsüblich. Dazu müssen Sie nicht einmal den genauen Standort der Bienen nachweisen können. Es genügt allein die Tatsache, dass Exemplare der kleinen nützlichen Insekten an dem für Ihre Bienen vorgesehenen Standort unterwegs sind.

Im **zweiten Schritt** prüft ein Gutachter, ob eine wesentliche Beeinträchtigung vorliegt. Dabei orientiert sich der beauftragte Fachmann an dem Empfinden eines „Durchschnittsmenschen". Er stellt sich folgende Fragen: Werden die Nachbarn von den Bienen möglicherweise attackiert und erleiden sie dadurch besonders häufig Bienenstiche?

Kann der Garten des Nachbarn tagsüber nicht mehr richtig genutzt werden, weil er so intensiv durch Bienen beflogen wird?

Da Bienen nur den ersten warmen Flugtag nach dem Winter nutzen, um ihren Darm zu entleeren, halten die Gutachter die Beeinträchtigung durch Verschmutzungen in fast allen Fällen für unwesentlich.

Dann kommt die **Entscheidung**, die in der Regel zu Gunsten des Imkers ausfällt. Ist die Bienenhaltung ortsüblich, kann sie nur untersagt werden, wenn für Nachbarn von dieser Bienenhaltung Lebensgefahr oder nachhaltige Gesundheitsschäden, nicht lediglich Unpässlichkeiten, ausgehen. Eine Bienenstichallergie kann nicht nur behauptet werden, sie muss zweifelsfrei durch das Gutachten eines Facharztes aufgrund anerkannter Testmethoden bewiesen sein.

So handeln Sie rechtssicher, wenn Ihre Bienen schwärmen

Im Mai und Juni setzt der natürliche Vermehrungstrieb der Bienen ein. Das Volk teilt sich und die alte Königin verlässt mit der Hälfte ihrer Gefolgschaft den Bienenstock. Meist sammeln sich die Bienen unter lautem Gebrause in deren Nähe des Standes. Grundstücksgrenzen respektieren sie dabei nicht. Das bürgerliche Gesetzbuch gibt Ihnen in den §§ 961 und 962 BGB große Freiheiten, den Bienenschwarm wieder einzufangen:

- Sie haben das Recht, fremde Grundstücke zu betreten.
- Wenn der Schwarm in ein fremdes Behältnis wie eine Holzkiste oder eine umgestülpte Gießkanne einzieht, dürfen Sie ihn sich wieder aneignen.
- Machen Sie jedoch dabei etwas versehentlich kaputt, zum Beispiel zertreten Sie die liebevoll gepflegten Blumenrabatten Ihres Nachbarn, müssen Sie ihm den Schaden ersetzen.

Bummeln Sie nicht beim Einfangen Ihres Schwarms, denn wenn Sie nicht unverzüglich handeln, verlieren Sie das Eigentumsrecht an ihm (siehe Seite 150).

Sieben Tipps, wie Sie als Imker gut mit Ihren Nachbarn auskommen

Nicht immer sind Nachbarn und überbehütende Eltern begeistert, wenn Bienen in der Nähe gehalten werden. Vermeiden Sie also Unstimmigkeiten bereits im Vorfeld.

1. Achten Sie am besten darauf, dass Ihr Bienenstand von der Straße nicht einsehbar ist. Dann haben Sie am ehesten Ruhe.
2. Errichten Sie einen Schutzzaun oder pflanzen Sie eine hohe Trennhecke an.
3. Drehen Sie die Bienenvölker so, dass sie nicht in Richtung Ihres Nachbarn ein- und ausfliegen.

4. Stellen Sie eine flache Vogeltränke auf, Ihre Bienen werden sie mitbenutzen.
5. Verwenden Sie Magazinbeuten, bei denen Sie sehr gut erkennen können, ob Ihre Bienen reiselustig werden, das heißt in Schwarmlaune kommen.
6. Imkern Sie nur mit nachweislich friedfertigen Bienen.
7. Überraschen Sie Ihre Nachbarn mit einem Glas Ihres ersten, selbst geernteten Honigs. Wenn diese dann sagen: „Das haben Ihre Bienen bei uns gesammelt? Davon haben wir überhaupt nichts gemerkt!", haben Sie auch in Zukunft wahrscheinlich kaum etwas von ihnen zu befürchten.

Behörden: Halten Sie den bürokratischen Aufwand gering
Wer einen Hund hat, muss ihn registrieren lassen. Ganz ohne Bürokratie geht es leider auch bei der Imkerei nicht. In der Stadt brauchen Sie in den meisten Fällen nur eine Behörde über Ihre Imkerei zu informieren: das **Veterinäramt.** Es ist in der Regel beim Landratsamt angesiedelt. Ihr Amtstierarzt muss informiert sein, wo Bienen im Stadtgebiet gehalten werden. Nur dann kann er ansteckende **Bienenkrankheiten** wie zum Beispiel die Bösartige Faulbrut wirkungsvoll bekämpfen. Und wenn Sie planen, im Zusammenhang mit Ihrer Imkerei ein festes Bienenhaus zu errichten, ist für Sie das **Baurecht** von Belang.

Was Ihre Bienen zum Leben brauchen

Wie jedes Lebewesen benötigt auch die Biene neben einem geeigneten Wohnort vor allem gesunde Nahrung in ausreichender Menge. Die Feststellung des Bienenwissenschaftlers Stefan Berg vom Fachzentrum Bienen im unterfränkischen Veitshöchheim, das Angebot an Blühpflanzen nehme seit Jahren ständig ab, trifft nur auf ländliche Gegenden zu. Denn tatsächlich fallen viele Wiesenblumen der landwirtschaftlichen Nutzung zum Opfer, weil das Grünland immer häufiger gemäht und teilweise zu Silage oder Heu verarbeitet wird.

Doch auch in der Stadt lohnt sich die Überlegung, woher die Bienen ihre Nahrung beziehen sollen: Wo finden sie Nektarquellen? Welches sind die Pollen spendenden Pflanzen in der Nähe? Aus welchen Quellen können die Bienen ihren Durst stillen? Damit sind die drei Hauptbestandteile der Bienennahrung genannt: **Nektar**, **Pollen** und **Wasser**.

Nektar macht Ihre Bienen satt
Die Hauptnahrung der Bienen ist der Nektar. Der süße, wässrige Drüsensaft, den viele Blüten absondern, enthält vor allem Kohlenhydrate.

Linden sind beliebte Stadtbäume und eine erstklassige Pollen- und Nektarquelle.

Er erfüllt die Funktion, die kohlenhydratreiche Nahrung wie zum Beispiel Kartoffeln und Brot in der menschlichen Ernährung hat: Nektar macht satt.

Damit Ihre Bienen keine Hungerphasen erleiden und die Königin ununterbrochen in Brut bleibt, sollte das ganze Jahr ein ausreichendes Angebot blühender Pflanzen rund um Ihren Bienenstand vorhanden sein. Der Imker nennt dies ein **Tracht-Fließband**. Dabei werden Sie sich sicher fragen, welche Pflanzen Glieder dieses Bandes sind, die von Ihren Bienen angeflogen werden. Es sind eben nicht nur Obstbäume und Blumen, sondern es summt auch ganz kräftig in Buchsbäumen und an mit Efeu bewachsenen Häuserwänden! Dabei sind

Tipp

Achten Sie darauf, dass besonders im Spätsommer und im Herbst genug und reichlich Futter vorhanden ist. Dies erkennen Sie am Flug- betrieb. Starten und landen die Bienen an schönen Spätsommer- und Herbsttagen gleichmäßig, dann finden sie auch noch etwas.

Bienen blütenstet, das heißt sie befliegen immer eine Blütenart, die sich zum gegebenen Zeitpunkt als ertragreiche Nektarquelle erwiesen hat. Bienen verständigen sich untereinander über gute Futterstellen und kehren dorthin so lange immer wieder zurück, bis sie nichts mehr finden.

Sie und Ihre Nachbarn können die Trachtsituation für Ihre Bienen erheblich verbessern, wenn Sie für Ihre Hausgärten **bienenfreundliche Pflanzen** auswählen. Wenn Sie sich unsicher sind, fragen Sie am besten einen Gärtner oder einen kompetenten Mitarbeiter im Gartencenter. Viele Pflanzen wie beispielsweise Forsythien oder Flieder blühen schön oder duften betörend, doch sie spenden keinen Nektar oder, wie der Imker sagt, sie „honigen" nicht.

So bereiten Sie Ihren Bienen im Garten stets einen gut gefüllten Tisch

In Tabelle 1 auf Seite 22 finden Sie nach Blühtermin sortiert, eine Reihe wertvoller Futterpflanzen für Bienen. Um den geflügelten Mitnutzerinnen Ihres Gartens etwas Gutes zu tun, können Sie diese Gewächse auf dem Grundstück anpflanzen. Das heißt nicht, dass Sie andere Pflanzen deshalb ausreißen sollen. Auf die Mischung kommt es an, damit sich Ihre Bienen im Garten wohl fühlen.

Pollen hält Ihre Bienen gesund

Höher entwickelte Blütenpflanzen sondern Nektar als Lockmittel für Insekten ab. Die Insekten fliegen die Blüte an, sammeln den Nektar, werden dabei mit dem Pollen eingestäubt und transportierten ihn zur nächsten Blüte, die dadurch befruchtet wird.

Doch Bienen sammeln Blütenstaub auch bewusst. Sie stillen daraus ihren Bedarf an **Eiweiß** (Proteine), was in der menschlichen Ernährung vor allem für den Fisch oder das Fleisch zutrifft. Doch der

---

Faustregeln

- Die allermeisten Gewürz- und Kräuterpflanzen wie beispielsweise Rosmarin, Thymian, Salbei, Borretsch, Lavendel, Majoran, Petersilie, Estragon, Liebstöckel, Schnittlauch, Melisse und Minze sind gute Bienenweiden.
- Ziehen Sie bei den Blumen für Ihren Garten ungefüllte Sorten den neueren, gefüllten Züchtungen vor.

- Säen Sie auf abgeernteten Gemüsebeeten eine Gründüngung wie Phacelia oder Senf. Sie decken damit nicht nur den Tischen Ihrer Bienen, sondern Sie unterdrücken auch Unkraut und verbessern den Boden für das kommende Jahr.
- Entsprechende Samenmischungen finden Sie im Imkereifachhandel oder in gut sortierten Gartencentern.

Bienenweiden

Blühtermin	Pflanzenart
ab Februar	Schneeglöckchen
ab März	Ahorn, Kornelkirsche, Krokus, Kuhschelle, Schwarze Nießwurz, verschiedene Weidenarten
ab April	Apfel, Kirsche, Stachelbeere und anderes Beerenobst, Löwenzahn
ab Mai	Akelei, Glockenblume, Hecken- und andere ungefüllte Rosen, Kornblume, Pfingstrose
ab Juni	Asparagus, Borretsch, Gurke, Kürbis, Lilie, Linde, Phacelia (Büschelschön), Thymian, Wicke
ab Juli	Distel, Duftnessel, Lavendel, Sonnenbraut, Sonnenhut (Echinacea), Ysop
ab August	Goldrute, Sonnenblume, Topinambur,
ab September	Herbstaster, Erika

Pollen liefert noch mehr: **Aminosäuren**, **Fette**, **Mineralien** und **Spurenelemente**. Besonders nährstoffreich ist dabei der Pollen von höher entwickelten Pflanzen, wie Raps, Sonnenblumen, Krokussen und blühenden Obstbäumen. Der Pollen von windbestäubten Pflanzen, die entwicklungsgeschichtlich älter sind als die Bienen, zum Beispiel Fichten, Kiefern und Gräsern wird zwar auch gesammelt, ist jedoch bei weitem nicht so nahrhaft wie der Pollen von Blühpflanzen.

Beim Sammeln drücken die Bienen den Pollen mit ihren beharrten Beinen an das dritte Beinpaar. Mit etwas Nektar aus der Honigblase werden die Pollenkörner zu einem Klumpen zusammengeknetet. Auf diese Weise entstehen die charakteristischen **Pollenhöschen**. Da Bienen blütenstet sind, haben die Pollenhöschen eine typische

Hinweis

Finden Bienen keinen nahrhaften Pollen, tragen sie ersatzweise wertloses Sägemehl oder sogar Gips ein. Sollten Sie bei Ihren Bienen Entsprechendes feststellen, müssen Sie dringend reagieren und mit Sojamehl oder Eiweißfutterteig aus dem Fachhandel Abhilfe schaffen. Viel besser ist es aber, im Bereich rund um Ihren Bienenstand für ein ausreichendes Pollenangebot zu sorgen, indem Sie einige der genannten Trachtpflanzen setzen oder säen.

Ein Brett unter dem Wasserhahn reicht für eine Bienentränke.

Färbung, an welcher der geübte Imker beim Beobachten des Flug-
bretts erkennt, welche Trachtpflanzen im Augenblick von seinen
Lieblingen angeflogen werden.

Für 1 kg Pollen sind mindestens 50.000 **Sammelflüge** notwendig.
Rund 25 kg Pollen verzehrt ein Bienenvolk im Laufe des Jahres. Dies
entspricht der Eiweißmenge von 200 Wiener Schnitzeln! Pollen ist
ein wichtiger Nahrungsbestandteil für Ihre Bienen und die Grundlage
für gesunde und vitale Völker.

Wasser macht Ihre Bienen glücklich

Besonders im Frühjahr sind Pfützen und anderer Wasserquellen dicht
von Bienen umlagert. Wasser macht die Nektar- und die Pollennah-
rung für die Bienen erst richtig bekömmlich und trägt so zu ihrem
Wohlbefinden bei. Daher muss in der Nähe Ihres Bienenstandes eine

Wasserquelle vorhanden sein. In der Stadt stärken sich die Bienen an den zahlreichen Gartenteichen.

Da Bienen mit dem Wasser auch Mineralien aufnehmen, bevorzugen Sie Tränken mit leicht salzigem Wasser. Auch flache Wasserstellen, bei denen sich Regenwasser mit menschlichem oder tierischem Urin vermischt, werden leider gerne beflogen. Um dies zu verhindern, legen Sie am besten eine **flache Bienentränke** im eigenen Garten an. Eine Vogeltränke, die Sie regelmäßig befüllen, reicht schon völlig aus. Wichtig ist, dass die Bienen nicht darin ertrinken können.

Wenn im Frühjahr mit dem beginnenden Brutgeschäft auch der Wasserbedarf in den Völkern sehr stark steigt, können Sie sich mit einem Brett behelfen, das Sie schräg unter Ihren Wasseranschluss im Garten stellen. Drehen Sie den Hahn etwas auf, sodass langsam Wasser auf das Holz tropft und von den Bienen aufgesammelt werden kann. Idealerweise steht die Tränke etwas abseits der Hauptflugrichtung der Bienen. So verhindern Sie, dass die Bienen die Tränke beim Entleeren ihres Darmes verunreinigen.

Ein mittelstarkes Volk braucht während der Brutzeit bis zu 200 g Wasser pro Tag. Während der Volltracht im Frühjahr decken die Bienen einen Großteil ihres Wasserbedarfs aus dem Blütennektar, dem sie bei der Umarbeitung zu Honig 80 % des Wassers entziehen. Doch auch jetzt sollte noch Wasser am Stand vorhanden sein.

Besonders an sehr heißen Tagen tragen die Bienen wieder Wasser ein, um es in ihrer Beute zu versprühen. Auf diese Weise nutzen sie die **Verdunstungskälte** dazu, das Aufheizen ihrer Wohnung unter Kontrolle zu behalten. So ist Wasser nicht nur ein Teil der Ernährung, es sorgt auch für ein angenehmes **Raumklima** und auf diese Weise dafür, dass sich Ihre Lieblinge in ihrer Wohnung rundherum wohl fühlen.

Wie Sie Ihren Wasser sammelnden Bienen das Leben retten

Meist teilen Swimmingpoolbesitzer ihr Schwimmbecken nur ungern mit darin herumschwimmenden, toten Bienen. Vermutlich haben die Tiere nach Wasser gesucht, sind vom Beckenrand abgerutscht und dabei ertrunken. Mit einer eigenen Bienentränke retten Sie Ihren Bienen also auch das Leben. Ihre Nachbarn können verhindern, dass Bienen im Pool ertrinken, indem sie Schwimmhilfen für Kinder wie Noodles oder Schwimmtiere im Wasser treiben lassen. Geben Sie diesen Tipp an Ihre Pool besitzenden Nachbarn weiter, werden sie Ihrer Bienenhaltung sicherlich gleich positiver gegenüberstehen.

Stadtimker werden – so geht's

Wenn Sie Imker fragen, wie sie zu ihrem Hobby gekommen sind, hören Sie diese Antworten besonders häufig:

- „Ich bin mit Bienen aufgewachsen."
- „Ich habe einen Imker getroffen, der mir von seinem Hobby erzählt hat."
- „Insekten haben mich schon immer fasziniert."
- „Ich habe gehört, dass es immer weniger Bienenvölker gibt. Dagegen wollte ich etwas tun."

Sie erkennen, dass der Begeisterung für die Imkerei meist eine Begegnung mit Bienen vorangegangen ist. Aus rein theoretischen Erwägungen legen sich die wenigsten Menschen Bienen zu. Imker werden Sie zwar auch durch das Lesen von Büchern, doch mindestens genauso wichtig ist die Begegnung mit der lebendigen Kreatur.

Bei einem guten Imkerkurs lernen Sie Theorie und Praxis der Bienenhaltung.

Wo Sie vor dem Start geballtes Imkerwissen finden

Den ersten Schritt, sich das für den Start sinnvolle Know-how zuzulegen, haben Sie bereits getan: Sie haben sich dieses Buch gekauft. Spätestens wenn Sie es durchgelesen haben, ist es Zeit, mit einem Imker ein persönliches Gespräch zu führen und seine Bienen in Augenschein zu nehmen. Am einfachsten gelingt der Start, wenn Sie sich dabei an dieser Schritt-für-Schritt-Anleitung orientieren.

Schritt 1 – Lesen Sie ein Buch für Anfänger

Wahrscheinlich haben Sie zum jetzigen Zeitpunkt bereits eine Begegnung mit Bienen gehabt. Mit dem Erwerb des ersten Imkerbuches sind Sie über das reine Interesse an Bienen schon hinaus, denn Sie sind bereit, für Ihr künftiges Hobby Geld auszugeben. Lesen Sie dieses Buch gründlich durch. Sie finden darin alle Informationen, die Sie für den Start Ihrer Stadtimkerei brauchen. Es schadet aber nicht, eine zweite Anleitung für Anfänger zu lesen. Dies ist eine gute Wiederholung und viele Fragen werden sich dadurch klären.

Im Buch- und im Imkereifachhandel treffen Sie auch auf dickleibige Bücher, in denen 20 Methoden zur Königinnenzucht erklärt sind. Halten Sie sich davon noch fern. Solche Bücher werden Sie jetzt nur verwirren. Im Anfängerstadium ist es wichtig, dass Sie zum Beispiel das Prinzip der Bienenbiologie verstehen. Mit den Feinheiten können Sie sich danach beschäftigen.

Schritt 2 – Besuchen Sie einen Imkerkurs

Jetzt sind Sie gut gerüstet, um einen Imkerkurs zu besuchen. Anbieter sind engagierte Imker, Imkervereine, bienenwissenschaftliche Institute oder Naturschutzeinrichtungen. Auch die eine oder andere Volkshochschule hat auf das gestiegene Interesse an der Imkerei bereits mit einem entsprechenden Angebot reagiert.

Erkundigen Sie sich vorher nach dem genauen Konzept des Kurses. Da die Lehrgänge oft von pädagogischen Laien angeboten werden, können Sie nicht sicher sein, dass Sie wirklich alles erfahren, was Sie für den Start wissen müssen. Reine Vortragsveranstaltungen bringen wenig. Von einem guten Lehrbuch haben Sie mehr.

Viel sinnvoller sind praktische Vorführungen am lebenden Bienenvolk. Wenn Sie im Rahmen eines Kurses auch selbst Hand anlegen dürfen, umso besser. Nehmen Sie eine Brutwabe in die Hand und lassen Sie sich erklären, was darauf zu sehen ist: Offene Brut in jedem Stadium, verdeckte Zellen, schlüpfende Bienen, bunt gesprenkelte Pollenwaben, frisch eingetragener Nektar, fertig gereifter Honig und so weiter. Nehmen Sie das Bienenvolk mit allen Sinnen wahr. Hören Sie das Tuten einer frisch geschlüpften Jungkönigin. Viele Dinge wie die zahlreichen Anzeichen für Schwarmlust verstehen Sie erst richtig, wenn ein fachkundiger Imker sie Ihnen gezeigt hat.

Schritt 3 – Nehmen Sie Kontakt zum Imkerverein auf

Oft haben Sie durch den Imkerkurs bereits eine Kontaktperson zum Imkerverein gefunden. Nutzen Sie die Verbindung und besuchen Sie eine Versammlung des nächstgelegenen Imkervereins. Imkerorganisationen existieren in fast jeder Stadt, jedem Stadtbezirk und in fast jedem Dorf. Rund 82.000 Imker gibt es in Deutschland, zusammen halten sie über 600.000 Bienenvölker. Dabei ist der Organisationsgrad im Deutschen Imkerbund (D. I. B.) mit 95 % außerordentlich hoch. Die meisten Imker zahlen unter 50 € Jahresbeitrag und erhalten dafür ein umfangreiches Dienstleistungspaket. Hierzu gehören:

- eine Betriebsversicherung im Rahmen der Imker-Globalversicherung,
- die Weiterbildung über neue Entwicklungen in der Imkerei,
- der Erfahrungsaustausch unter Menschen mit dem gleichem Interesse,
- die Vermittlung von Bienenvölkern und Schwärmen,
- die Organisation von Wanderungen, Betriebsbesichtigungen und überregionalen Imkertreffen,
- der Tausch von Honig,
- die gemeinsame Zucht von besonders sanftmütigen und daher stadttauglichen Bienenvölkern,
- das Recht, professionelles Werbematerial zu nutzen.

Stellen Sie sich in einer Versammlung des Imkervereins kurz vor und erläutern Sie, wo und ab wann Sie mit der praktischen Imkerei starten wollen. Fragen Sie, ob sich ein erfahrener Imker in der Nähe zu Verfügung stellt, um Ihre Fragen zu beantworten und Ihnen bei Bedarf Tipps und Kniffe beizubringen. Achten Sie bei der Auswahl dieses Imkerpaten darauf, dass er zeitgemäß, so wie in diesem Buch beschrieben, imkert. Da 80 % der Imker die Bienenhaltung als Hobby betreiben, ist nicht jeder auf der Höhe der Zeit. Es scheiden zum Bei-

Tipp

Wenn Sie gebrauchte Imkereigeräte suchen oder Königinnen von einem Züchter aus Ihrer Gegend kaufen möchten, sollten Sie sich für die Zeitschrift entscheiden, die die meisten Leser in Ihrer Region hat. Kleinanzeigen von Kollegen aus der näheren Umgebung ersparen weite Wege und erleichtern den direkten persönlichen Kontakt.

spiel alle Imker aus, die ihre Bienen noch in Hinterbehandlungs-
beuten halten. Andere hängen an „alten Zöpfen" wie beispielsweise
der warmen Überwinterung von Bienenvölkern.

Schritt 4 – Abonnieren Sie eine Imkerzeitschrift

Auf den ersten Blick scheint es in Deutschland ein halbes Dutzend
Imkerzeitschriften zu geben. Tatsächlich sind es aber nur das „Deutsche Bienenjournal" (Deutscher Bauernverlag) und die „ADIZ Allge-
meine Deutsche Imkerzeitung" (Deutscher Landwirtschaftsverlag).
Der Verlag liefert die ADIZ auch unter dem Titel „Die Biene" oder
„Der Imkerfreund" aus, mit identischem Inhalt. So gibt es eigentlich
nur zwei Imkerzeitschriften. Da beide Monatshefte eine weitgehend
deckungsgleiche Leserschaft haben, sind sie für Sie als Stadtimker
gleichermaßen geeignet. Trotzdem gibt es Unterschiede:

Das Deutsche Bienenjournal wird mehr in Nord- und Ostdeutsch-
land gelesen und es enthält mehr Mitteilungen aus der Wissenschaft.
Die ADIZ hat die meisten Leser in West- und Süddeutschland und ist
von den Inhalten mehr praxisorientiert. Sie finden darin zum Beispiel
Formularvordrucke und Checklisten, die Ihnen dabei helfen, Ihre
Imkerei effizienter zu organisieren.

Schritt 5 – Nutzen Sie das Internet

Im Internet finden Sie eine ganze Reihe von Angeboten zur Aus- und
Weiterbildung, aber auch zum Gedanken- und Erfahrungsaustausch
und zur Kontaktpflege.
www.honigmacher.de: Diese Seiten der Landwirtschaftskammer
Nordrhein-Westfalen richten sich an Anfänger und an der Imkerei

---

Praxistipp

Hüten Sie sich vor irgendwelchen „Geheimtipps"

Imker sind sehr experimentierfreu-
dig. Wahrscheinlich werden Sie bald
von irgendwelchen Geheimtipps
erfahren. Ein gesundes Misstrauen
ist angebracht. Also Hände weg, Sie
schaden nur sich und Ihren Bienen.

Typische Geheimtipps erkennen
Sie daran, dass Sie davon bisher
noch nie etwas gesehen oder
gehört haben, weil sie entweder

- **uralt**, wie das Heizen von Bienenvölkern im Frühjahr mit warmen
  Steinen,
- **gefährlich**, wie die Bekämpfung
  der Milben mit Spiritus,
- **verboten**, wie das Trocknen von
  geschleudertem Honig oder
- **wirkungslos** sind, wie die Milbenbehandlung von Bienenvölkern
  mit der Energie von magischen
  Steinen.

Interessierte. Die Informationen sind kurz und prägnant. Der Ton ist locker und leicht verständlich. Wer tiefer in die Materie einsteigen will, findet passende Links.

www.landlive.de: Dieses Angebot des Deutschen Landwirtschaftsverlages bietet auch ein Forum speziell für Imker. Darin diskutieren Bienenhalter alle Fragen rund um ihr Hobby einschließlich der Stadtimkerei. Da dort auch einige Berufsimker mitschreiben, finden Sie neben viel Spekulation oft auch fundierte und praxisnahe Tipps.

www.imkerforum.de: Es ist die älteste Diskussionsplattform für Imker im Internet. Die Themen sind sehr übersichtlich sortiert und es lohnt sich darin zu stöbern. Die Qualität der Beiträge entspricht in etwa denen von www.landlive.de.

www.imkerblog.de: Es ist das älteste, noch existierende Internet-Tagebuch zum Thema Imkerei. Dabei stehen die eigenen, individuellen Erlebnisse eines Berliner Nebenerwerbsimkers im Vordergrund. Es macht Freude, darin zu lesen.

www.diebiene.de und **www.bienenjournal.de**: Dies sind die Homepages der Imkerzeitschriften mit viel Zusatzinformationen und Services, nicht nur für Bieneninteressierte, die lieber online unterwegs sind als bedrucktes Papier zu lesen.

Schritt 6 – Bilden Sie sich kontinuierlich fort
Sie haben immer noch Weiterbildungsbedarf? Dann nutzen Sie die jährlichen Neuerscheinungen der Landwirtschaftsverlage. Daneben gibt es zahlreiche Imker, die sich der Nachwuchsförderung verschrieben haben und auf eigene Rechung Schulungsmittel wie DVDs oder Boschüren herstellen und an Interessierte vertreiben. Bezugsadressen finden Sie in der Imkerpresse.

So finden Sie die passende Wohnung für Ihre Bienen

Bienen nehmen jeden **Hohlraum** als Wohnung an. Die **Beute** muss nur groß genug sein, um ein ausgewachsenes Bienenvolk zu fassen. Daher liegt es allein an Ihnen, welche Art von **Bienenkasten** und welches Rähmchenmaß Sie benutzen wollen. Wie auch immer, Sie treffen eine weit reichende Entscheidung, etwa vergleichbar mit der Wahl der Spurbreite bei der Anschaffung einer Modelleisenbahn. So wie dort Gleise, rollendes Material und Hausmodelle zusammenpassen müssen, ist es auch in Ihrer Imkerei. Vom **Rähmchenmaß** hängt der **Beutentyp** und unter Umständen sogar die Art der Schleuder ab. Zwar können manche Beutentypen kombiniert werden, doch letztlich sind unterschiedliche Typen bei Material und Geräten immer unhandlich und umständlich.

Glossar rund um die Bienenwohnung

Abdeckfolie: Wird über die oberste Zarge gelegt und verhindert, dass die Bienen den Deckel mit der Zarge verkleben. Oft genügt ein Blick durch die Folie, um wichtige Informationen über die Bienen zu erhalten. Dickere Baufolie aus dem Baumarkt eignet sich gut dafür.

Absperrgitter: Wird zwischen Honig- und Brutraum eingelegt und verhindert, dass die Königin im Honigraum Eier legt. Die Maschenbreite ist so groß, dass normale Arbeiterinnen problemlos hindurchschlüpfen können, die Königin aber nicht, weil sie größer ist.

Bausperre: Befindet sich im Boden der Beute und verhindert, dass die Bienen an die Rähmchenunterseiten Waben anbauen.

Beute: Anderer Ausdruck für die Wohnung der Bienen. Zeitgemäß ist die Magazinbeute aus Holz oder Hart-Styropor. Ein Magazin besteht aus Boden, einer oder mehrerer Zargen und Deckel.

Bienenabstand: Er beträgt 8 mm und sorgt dafür, dass die Bienen sich bequem innerhalb ihrer Bienenwohnung bewegen können. Die 8 mm sind gerade so hoch oder breit, dass eine Biene gut durchpasst. 8 mm beträgt zum Beispiel der Abstand zwischen einzelnen Waben.

Brutraum: Unterste Zargen einer Beute, in denen die Königin Eier legt, aus denen Larven schlüpfen, die dann von den Ammenbienen gepflegt werden.

Futterzarge: Flache Zarge, die wie eine Wanne mit Flüssigfutter, zum Beispiel Zuckerwasser gefüllt werden kann. Auf eine Futterzarge können Sie gut verzichten, da es preiswertere und einfachere Fütterungsmöglichkeiten gibt.

Hoffmann-Seitenteil: Verbreiterung an den Seitenteilen der Rähmchen. Diese verhindern, dass die Rähmchen zusammenrutschen und Bienen quetschen. Rähmchen ohne Hoffmann-Seitenteile benötigen ersatzweise Abstandshalter.

Honigraum: Oberste Zarge, die der Beute nur aufgesetzt wird, wenn die Bienen so viel Nektar sammeln, dass der Imker den daraus gefertigten Honig entnehmen und selbst nutzen kann.

Mittelwand: Aus Wachs gefertigte Platte, mit eingeprägter Wabenstruktur. Die Bienen nutzen diese als Grundlage für den Wabenbau.

Oberträger: Er ist der oberste Teil des Rähmchens. Rähmchen mit dicken Oberteilen (1 cm Stärke) werden von den Bienen nicht mit den Unterträgern der Rähmchen einer oberen Zarge verklebt.

Ohren: Teile der Oberträger, mit denen ein Rähmchen in der Zarge aufgehängt ist.

Waben: Bienen bauen die Waben in das Rähmchen hinein. Insofern ordnen die Rähmchen den Wabenbau der Bienen.

Zarge: Einzelnes Bauteil eines Magazins. Die Zarge sieht aus wie eine Kiste ohne Boden und Deckel und ist stapelbar. In den Zargen hängen die Rähmchen.

Und abends Honig ernten … Nirgendwo fließt so viel Honig wie in der Stadt.

Rähmchen, das Herz der Beute

Über kaum etwas anderes können Imker so trefflich streiten wie über die passende Wohnung für ihre Bienen. Eine Diskussion, die keine Biene je verstünde. Ausgehend davon, dass Sie wahrscheinlich mit einer Magazinbeute imkern werden, empfiehlt es sich, bewusst für eines der folgenden Rähmchenmaße zu entscheiden. Alle sind in Deutschland weit verbreitet und Sie erhalten bei praktisch jedem Imkereifachhändler passende Beuten und weiteres Zubehör.

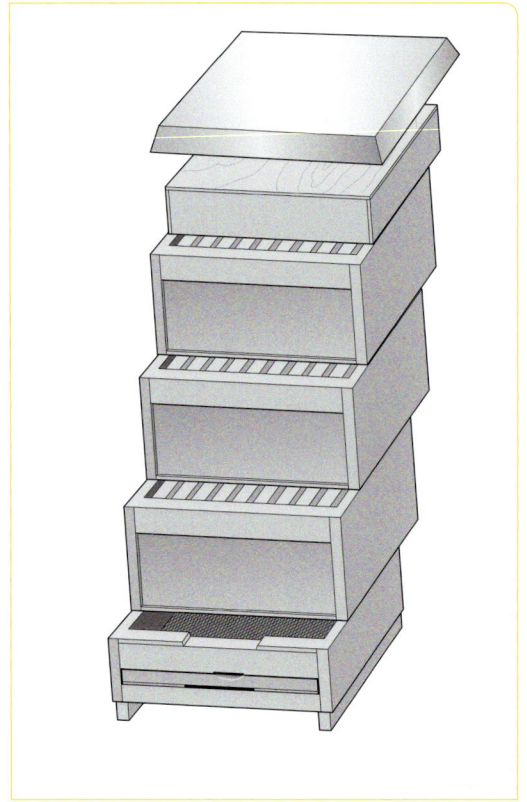

Hohenheimer Einfachbeute

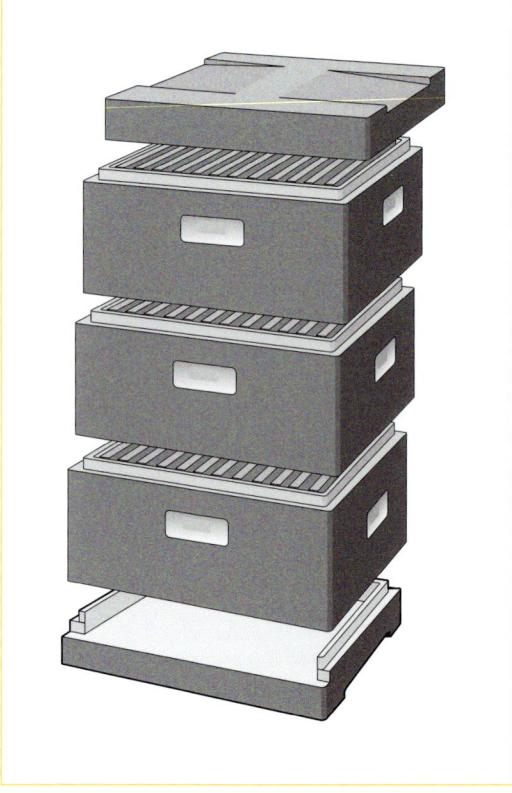

Segeberger Beute

Deutsch Normalmaß (37 x 22,3 cm)

Es ist das kleinste der hier vorgestellten Maße. Es entstand in der ersten Hälfte des 20. Jahrhunderts und sollte die bis dahin gebräuchliche Rähmchenvielfalt auf ein Normalmaß zurückführen. Es ist besonders in Ost- und Norddeutschland sehr weit verbreitet. Es ist auch das gängige Rähmchenmaß für Imker, deren Beuten fest in einen Wanderwagen oder in ein Bienenhaus eingebaut sind. Magazinimker mit diesem Rähmchenmaß nutzen häufig die Segeberger Beute.

Zander (42 x 22 cm)

Dieses besonders in Süddeutschland sehr weit verbreitete Rähmchenmaß wurde in den 1920er Jahren von dem Bienenwissenschaftler Enoch Zander (1873–1957) entwickelt. Es hat sich in der Praxis bei Hobby- und Berufsimkern bewährt. Zanderrähmchen passen in die weit verbreiteten Hohenheimer Einfachbeuten und in die Frankenbeute. Mit Honig und Bienen voll besetzte Zargen können über 20 kg schwer sein.

Tipp

Falls Sie ein Rückenleiden haben, sollten Sie die Zargen nicht komplett heben. Trotzdem brauchen Sie nicht auf größere Maße zu verzichten.

Hängen Sie einfach einen Teil der besetzten Waben in eine weitere, leere Zarge und heben Sie die Zargen erst dann, wenn sie ein für Sie tragbares Gewicht haben.

Langstroth (44,8 x 23,2 cm)

Imker mit diesem von dem amerikanischen Bienenforscher Lorenzo Langstroth (1810–1895) entwickelte Rähmchen heben hervor, dass ihre Bienen im Maß der „Weltimkerei" wohnen. Tatsächlich hat kein anderes Rähmchenmaß weltweit eine größere Verbreitung. Praktisch hat dies indes keine Auswirkungen, da Sie keine Bienen mit Imkern aus Übersee tauschen werden und auch nicht dürfen. Von der Fläche, die den Bienen für den Wabenbau zur Verfügung steht, entspricht Langstroth in etwa dem Zandermaß, weshalb dieses gelegentlich auch als Deutsch-Langstroth bezeichnet wird.

Dadant (47 x 30 cm)

Dieses Maß wurde 1863 von dem Amerikaner Charles Dadant (1817–1902) erdacht. Es wird nur im Brutraum genutzt. Für den Honigraum ist ein kleineres Maß notwendig. Viele Imker nutzen 1/2 Dadant oder Zanderrähmchen für den Honigraum. Als Imker sind Sie also gezwungen, mit zwei unterschiedlichen Rähmchenmaßen zu arbeiten. Dies ist der große Nachteil dieser Beute. Außerdem bleibt auf den großen Brutraumwaben viel erntefähiger Honig, den Sie nicht ausschleudern können.

Halb- oder Dreiviertelrähmchen

Dabei handelt es sich nicht um ein eigenes Rähmchenmaß. So misst zum Beispiel das Dreiviertel-Langstroth, das sogenannte Schweriner-Maß, zwei Drittel der Höhe des normalen Langstroth-Rähmchens. Der Vorteil solcher Halbgrößen ist ihre gute Kompatibilität mit den

Hinweis

Wenn im Folgenden von Zargen gesprochen wird, sind damit solche in den Formaten Normalmaß, Zander oder Langstroth gemeint.

Falls Sie kleinere oder größere Formate nutzen, ändert sich die Anzahl der Zargen der gesamten Beute entsprechend.

Wie gut passt der ausgewählte Beutentyp zu mir?

Angesichts der großen Vielfalt verschiedenster Beutentypen ist ein Fehlkauf leicht möglich. Oft wird erst bei der Benutzung deutlich, dass die Beute für den Praxiseinsatz nicht optimal geeignet ist. Anhand der folgenden Kriterien verhindern Sie Enttäuschungen und treffen beim Beutenkauf gleich die richtige Wahl.

❏ Das Rähmchenmaß hat eine Breite von mehr als 37 cm (besser 40 cm).

❏ Falls ich gebrauchte Beuten kaufe, habe ich mich davon überzeugt, dass es im Imkereifachhandel passende Zargen, Böden und so weiter zu kaufen gibt. So kann ich mir neuwertigen Ersatz besorgen oder weitere Bienenvölker halten.

❏ Falls ich vorhabe, von anderen Imkern Bienen in einem anderen Maß zu kaufen, entscheide ich mich für eine Kombibeute, bei der sich verschiedene Rähmchenmaße kombinieren lassen.

❏ Die Beute kann das ganze Jahr über im Freien der Witterung ausgesetzt sein, das heißt, sie kann mit einem Wetterschutzmittel gestrichen werden.

❏ Die Beute ist einfach konstruiert und verzichtet auf Klappen und Türchen.

Falls Sie mit Ihren Bienen einmal wandern, also zum Beispiel zur Zeit der Rapsblüte hinaus aufs Land möchten, sind auch diese Punkte für Sie wichtig:

❏ Ich nutze einen hohen Boden, in dem sich aufgeregte Bienen während der Wanderung sammeln können (sogenannter Trommelraum).

❏ Ich achte darauf, dass es möglichst wenig abstehende Teile, zum Beispiel ausladende Deckel oder Ansteckflugbretter gibt, die während des Bienentransports Platz rauben.

❏ Der Wandergurt lässt sich so befestigen, dass die Beute nicht direkt auf dem Gurt steht.

❏ Die Bauteile der Beuten (Zargen, Boden) besitzen Falze oder Leisten, die ein Verrutschen sicher verhindern.

❏ Wenn die Beute mit einem Gurt verschnürt ist, bildet sie eine stabile Einheit.

❏ Ich kann den Boden der Beute bei Bedarf direkt auf den Erdboden abstellen.

❏ Der Boden besitzt eine große Lüftungsfläche.

Auswertung

Je größer die Anzahl der Aussagen ist, denen Sie zustimmen konnten, desto vielfältiger ist Ihr Beutentyp einsetzbar. Schließen Sie nicht vorschnell durch die Wahl einer dafür ungeeigneten Beute die Wanderung aus. Vielleicht lockt Sie dieses Abenteuer schon in wenigen Jahren. Dann sind Sie von Anfang an mit einer wanderfähigen Beute gut vorbereitet!

Praxistipp zum Schluss

Kaufen Sie die Beute gleich mit

Ehe Sie sich lange mit verschiedenen Rähmchenmaßen auseinandersetzen, können Sie Ihre ersten Bienen mitsamt der Beute kaufen. Damit übernehmen Sie einfach dieses Maß für Ihre Imkerei. Dies ist besonders dann zu empfehlen, wenn es auch von vielen anderen Imkern in Ihrer Stadt genutzt wird. So erleichtern Sie sich in Zukunft den Kauf von Bienen ungemein. Sie brauchen nur Rähmchen für Rähmchen in Ihre Beuten umzuhängen und können das neu erworbene Bienenvolk an Ihrem Stand aufstellen.

Vollformaten. Daher kommen sie oft im Honigraum zum Einsatz, wenn nur kleine Honigmengen einer bestimmten Sorte erwartet werden oder der Imker schweres Heben voller Honigräume vermeiden möchte.

Wie die Bienen zu Ihnen kommen

In jeder Stadt gibt es Imker. Diese sind in der Regel gerne bereit, Bienen an Sie abzugeben. Doch auch beim Bienenkauf heißt es Augen auf, wenn Sie an Ihrer Neuerwerbung Freude haben wollen.

Was gute Stadtbienen auszeichnet

An Bienen in der Stadt werden besondere Anforderungen gestellt. Im Unterschied zu ihren ländlichen Artgenossinnen sollen urbane Bienen an erster Stelle sanftmütig sein. Andere sonst wichtige Kriterien für ein „gutes" Bienenvolk sind Schwarmträgheit, Wabenstetigkeit und Sammelfleiß.

Sehr **sanftmütige** Bienen können ohne Schutzanzug und sogar ohne oder nur mit wenig Rauch bearbeitet werden. Das Gegenteil davon sind sogenannte „Stecher". Sie attackieren scheinbar ohne Grund alles, was sich in Ihrer Umgebung bewegt. Auf dem Land stört sich niemand an solchen Bienen, wenn Sie abgeschieden an einem Waldrand stehen und der Imker sich vor Betreten des Bienenstandes entsprechend schützen kann. In der Stadt, wo der direkte Nachbarn oder unbeteiligte Passanten immer in der Nähe sind, geht dies nicht.

Doch dies ist noch nicht alles, was gute Bienen auszeichnet: Sie können zwar sehr viel unternehmen, um die Schwarmneigung Ihrer Bienen zu kontrollieren, doch einfacher haben Sie es natürlich mit bereits von der Anlage her **schwarmträgen** Bienen.

Tipp

Sanftmütigkeit ist Ihr wichtigstes Kriterium beim Bienenkauf! Wenn die anderen auch erfüllt sind, umso besser!

Auch **wabenstete** Bienen erfreuen den Imker. Sie bleiben weitgehend ungerührt auf den Waben sitzen, wenn Sie diese entnehmen. Sie knäueln sich nicht zusammen und ermöglichen es Ihnen so, sich rasch einen Überblick über den Zustand des Volkes zu verschaffen. Sie müssen die Bienen nicht erst noch auseinander blasen, um auf die Waben mit Brut und Futter schauen zu können.

Viele Imker freuen sich auch über den **Sammelfleiß** ihrer Bienen. Solche Völker schleppen viel Nektar heran und arbeiten diesen in Honig um. Sie sorgen für einen guten Ertrag. Stadtimker setzen aber in der Regel andere Prioritäten. Sie freuen sich zwar auch über volle Honigräume, doch in der Regel ist eine reiche Ernte nicht ihr Hauptantrieb, Bienen zu halten.

Tipp

Wenn Sie über den Verein Bienen beziehen, erkundigen Sie sich nach der Herkunft der Königin. Oft haben Vereine einen „Obmann" oder eine „Obfrau für Zucht". Diese Imker sorgen dafür, dass hochwertige Bienen im Stadtgebiet gehalten werden. Bienenvölker, deren Königinnen aus dieser Quelle stammen, können Sie unbesorgt erwerben.

Tipp

Am besten werden Sie von Ihren Bienen gelitten, wenn Sie sauber gewaschen, nüchtern und unparfümiert sind.

Was selbst die sanftesten Bienen aus der Ruhe bringt

Auch die friedlichsten Bienen verlieren gelegentlich die Fassung und werden unruhig. Doch zum Glück nur selten, und wenn Sie die Gründe dafür kennen, können Sie als Imker entsprechend Vorsorge treffen.

Rasenmähen: Wenn Sie sich mit dem Elektro- oder Benzinmäher einem Bienenstand auf etwa zehn Meter nähern, ziehen Sie sich am besten Ihre Imkerbluse oder einen Schleier über, denn die Vibration des Mähers und der Geruch von geschnittenem Gras macht die Insekten „fuchsig".

Alkohol: Den scharfen Geruch von frischem Alkohol oder eine „Fahne" mögen Bienen nicht. Verzichten Sie daher auf Rasier-, Haarwasser und -spray, wenn Sie ohne Schutzkleidung Ihre Bienen bearbeiten möchten.

Wolle: Imkerschutzkleidung ist nicht grundlos aus Baumwolle, denn Kleidung aus Schafwolle reizt Bienen. Vermutlich meinen sie, ein Raubtier nähere sich ihnen und sie verteidigen sich. Ähnlich ergeht es Imkern, die ein gestörtes Verhältnis zur Körperhygiene haben. Bienen sind Feinschmecker. Animalische Gerüche mögen sie nicht.

Merke

Wer wie ein üppiges Blumenbouquet duftet, braucht sich über den Besuch von Bienen nicht wundern.

Woher Sie Ihre Bienen beziehen können

Bienen bekommen Sie nicht im Zoogeschäft. Hier sind die wichtigsten Bezugsquellen für Bienen genannt und was Sie dort für Ihr Geld bekommen.

Imkerverein

Fast jeder Imker züchtet auch Bienen – zumindest, um den eigenen Bestand halten zu können. Dabei kommt für ihn der spannende Moment in jedem Frühling, wenn er sieht, wie viele Völker es durch den Winter geschafft. Sind es mehr als erwartet, geben Imker überzählige Völker ab.

Der **Vorteil**: Meist bekommen Sie die Völker im Verein zu günstigeren Freundschaftspreisen. Außerdem sind die Bienen in der Regel an Ihren städtischen Standort bereits gut angepasst, weil Stadtimker immer nur von den friedlichsten und sanftmütigsten Bienenvölkern nachziehen.

Der **Nachteil**: Häufig erhalten Sie keine hochwertigen Bienen, sondern eine bastardisierte „Stadtparkmischung".

Bienenschwärme

Schädlingsbekämpfer, auf Schwarmfang spezialisierte Imker und in manchen Städten auch die Feuerwehr geben Bienenschwärme ab, die sie zuvor eingefangen haben. Solche Bienen erhalten Sie meist für ein kleines Taschengeld.

Der **Vorteil**: Sie erhalten in der Regel vitale Bienen, denn nur gesunde Bienenvölker wachsen so stark, dass sie sich im Mai/Juni teilen und die Hälfte des Bienenvolks auf die Reise geht. Weil Bienenschwärme nur mit minimalen Vorräten auf die Suche nach einem neuen Quartier gehen, haben sie einen sehr starken Überlebenstrieb. Sie bauen innerhalb einer Woche einen kompletten neuen Bienenstaat auf. Darüber können Sie nur staunen.

Der **Nachteil**: Sie wissen bei Schwärmen meist nicht, woher die Bienen stammen und müssen erst Erfahrungen im Umgang mit den neuen Mitbewohnern sammeln.

Tipp

Sperren Sie den Schwarm zwei Nächte und einen Tag im Keller oder in einer kühlen, dunklen Garage ein. Dann haben die Bienen ihre mitgebrachten, geringen Honigvorräte verbraucht und eventuell darin mitgeschleppte Erreger der Bösartigen Faulbrut, einer gefährlichen Bienenkrankheit, verdaut.

Tipp

Nicht jeder, der Bienen züchtet, hat auch einen guten Ruf in der Imkerschaft. In Internetforen tauschen sich Imker darüber recht freimütig aus. Lesen Sie nach und vergleichen Sie, welche Erfahrungen Kollegen mit den Völkern der von Ihnen favorisierten Züchter gemacht haben und kaufen Sie erst dann!

Züchter

Bienenzüchter bieten ab April große Mengen an Bienenvölker an. In der Regel erhalten Sie dort gute Bienenvölker, die ihren Preis auch Wert sind. Sie haben die Wahl zwischen „instrumentell besamten", „inselbelegten" und „standbegatteten" Königinnen. Da Sie sicher zunächst selbst keine ambitionierte Nachzucht betreiben möchten, fahren Sie mit standbegatteten Königinnen gut. Instrumentell besamte Königinnen dagegen sind Hochleistungstiere, die in der Imkerpraxis meistens enttäuschen. Wirklich gut sind erst deren standbegattete Töchter (F1-Generation) und Enkelinnen (F2-Generation).

Der **Vorteil**: Sie erhalten das beste Preis-Leistungsverhältnis und damit Bienen, die eine gute Basis für Ihre eigene Zucht sind.

Der **Nachteil**: Züchter orientieren sich am Bedarf der Erwerbsimker, für die zwar Sanftmut auch wichtig ist, aber nicht die Priorität hat, wie für Sie als Stadtimker.

Imkereifachhändler

Die meisten Imkereifachhändler sind selbst Imker. Daher können Sie oft auch von Ihrem regionalen Händler für Imkereibedarf Bienen erwerben. Wo dies nicht der Fall ist, vermitteln sie zwischen ihren

Vorsicht bei Gratis-Bienen

Immer wieder werden Imkerneulingen von älteren Kollegen Bienen zum Geschenk angeboten. So freundlich diese Geste sein kann, so zurückhaltend sollten Sie bei der Annahme sein.

Bienenvölker werden zwischen 80 und 120 € gehandelt und Imker sind sehr sparsame Zeitgenossen, zwei Umstände, die kaum unter einen Hut passen. Denken Sie auch daran: Gekaufte Bienen können Sie sich aussuchen, bei geschenkten Bienen müssen Sie nehmen, was Sie bekommen. Überlegen Sie es sich also gut!

Kunden, den Imkern, den Austausch von Bienen. Fragen Sie also einfach nach. In der Regel wird Ihnen der Händler gerne beim Erwerb von Bienen helfen.

Schritt-für-Schritt: Bienen richtig kaufen

Sie haben einen Imker gefunden, der Ihnen Bienen verkauft? Dann nichts wie hin, denn Bienenvölker wechseln schnell den Besitzer! Am besten Sie gehen nach folgender Anleitung vor, damit Sie am Schluss glücklicher Bienenbesitzer sind.

Schauen Sie sich die zum Verkauf stehenden Bienen genau an. Honig, Pollen und Brut: hier ist alles in Ordnung.

Schritt 1 – Bereiten Sie den Kauf vor

Vereinbaren Sie einen Kauftermin kurz vor Einbruch der Dämmerung, denn dann erhalten Sie das komplette Volk mitsamt allen Flugbienen. Erkundigen Sie sich nach dem Rähmchenmaß des Verkäufers. Nutzt er das gleiche wie Sie? Dann ist der Kauf ganz einfach: Sie brauchen nur Folgendes mitzunehmen:

- eine Leerzarge,
- einen Boden mit verschlossenem Flugloch,
- eine Abdeckfolie,
- einen Deckel und
- einen Gurt, um die komplette Beute zusammenzuhalten.

Wenn Sie die Beute auf der Rückbank Ihres Autos transportieren möchten, nehmen Sie alte Decken zum Unterlegen mit, denn durch den Beutenboden könnten sonst Wachsstückchen aufs Polster krümeln.

Falls der Verkäufer ein anderes Maß nutzt, bitten Sie ihn, die Waben auf Ihr Maß umzuschneiden. Dazu wird er sie aus seinen eigenen Rähmchen trennen und mit dem Messer so zurechtschneiden, dass sie in Ihr Maß passen. Mit Drähten oder Gummiringen fixiert er dann die Waben in den Rähmchen Ihres Maßes. Innerhalb eines Tages werden die Bienen die ausgeschnittenen Waben an die Rähmchen angeklebt haben, sodass Sie das Volk dann einfach transportieren können.

Schritt 2 – Lassen Sie sich das Volk zeigen

Fragen Sie den Verkäufer, welches Volk er zum Verkauf bestimmt hat. Fliegen bei diesem Volk im Gegensatz zu anderen kaum Bienen, spricht dies noch nicht gegen das Volk. Bitten Sie den Verkäufer, es Ihnen zu zeigen. Stellen Sie sich diese Fragen:

- Sind die Gassen dicht besetzt?
- Bleiben die Bienen ruhig, wenn er die Folie abnimmt und die einzelnen Waben zieht?
- Haben die Bienen Brut?
- Ist das Brutnest weitgehend lückenfrei geschlossen?
- Hat das Bienenvolk Brut in allen Stadien, also sowohl Eier wie verdeckelte Brutwaben?
- Haben die Bienen einen Vorrat an Futter?
- Ist die Königin sichtbar, sieht sie gesund aus und ist sie mit der aktuellen Jahresfarbe gekennzeichnet?

Wenn Sie alle diese Fragen mit „ja" beantworten, spricht nichts gegen den Kauf dieses Volkes. Falls nicht, lassen Sie sich ein anderes zeigen.

Extratipp

Starten Sie mit mehr als einem Volk

Als Anfänger starten Sie am besten mit zwei Bienenvölkern. Lernen Sie an einem Volk durch regelmäßiges Anschauen und lassen Sie das andere in Ruhe Honig sammeln.

Da nicht alle Völker den Winter überleben, steigt mit dem Zweitvolk auch Ihre Chance, dass Sie im nächsten Jahr noch Bienen haben.

Schritt 3 – Schließen Sie den Kauf ab

Bevor Sie kaufen, bitten Sie den Verkäufer um eine **Gesundheitsbescheinigung** seines Amtsveterinärs. Idealerweise hat der Amtstierarzt vorher eine Probe genommen und diese auf Sporen der bösartigen Faulbrut untersuchen lassen. Seien Sie hier aus lauter Freude über die ersten eigenen Bienen bloß nicht nachlässig! Denn im Fall einer Faulbruterkrankung hat das Imkern ein Ende, bevor es eigentlich begonnen hat.

Hängen Sie Wabe für Wabe in die von Ihnen mitgebrachte Zarge um. Achten Sie darauf, dass keine Bienen, besonders aber die Königin nicht gequetscht werden. Gewöhnlich werden Bienenvölker bar bezahlt. Lassen Sie sich eine **Quittung** geben, denn auch für den Hobbyimker ist es empfehlenswert, alle zu Belege sammeln, um einen Überblick über die Ausgaben zu behalten.

Transportieren Sie die Bienen zu Ihrem Bienenstand und stellen Sie die Bienen dort ab. Öffnen Sie etwa 20 Minuten danach das Flugloch. Dann haben sich ihre Tiere in der Regel bereits vom Transport beruhigt und können sich nun am neuen Standort einfliegen.

Schreiben Sie dem zuständigen **Veterinäramt** per Post oder E-Mail eine Benachrichtigung, dass Sie Bienenhalter sind und woher Sie die Bienen bezogen haben. Senden Sie der Behörde die Gesundheitsbescheinigung, die Sie vom Verkäufer erhalten haben.

Was Sie für den Start sonst noch benötigen

Nun sind Sie glücklicher Bienenbesitzer. Um jedoch erfolgreich imkern zu können, sind einige weitere Anschaffungen nötig. An der folgenden Aufstellung von Imkereiartikeln mit Preisen können Sie sich orientieren. Sie brauchen nicht alles auf einmal zu kaufen. Viele Artikel, die Sie nur selten benötigen, wie beispielsweise eine Honigschleuder, lassen sich sicherlich auch bei anderen Imkern mitbenutzen. Dies gilt zumindest für die Anfangsphase des neuen Hobbys.

Auf das richtige Werk-
zeug kommt es auch in
der Imkerei an.

Was Sie beim Einkauf beachten sollten

Im Imkereifachhandel finden Sie eine verwirrende Variantenvielfalt
dieser Artikel. Es ist empfehlenswert, sich beraten zu lassen, welcher
Stockmeißel sich zum Beispiel für Sie am besten eignen würde. Allerdings gibt es auch Artikel, die unbrauchbar sind, wie Bienenbesen mit
schwarzen Borsten aus Naturhaar. Wählen Sie die Variante mit den
weißen Kunststoffborsten, denn die Bienen versuchen, in die schwarzen Borsten zu stechen.

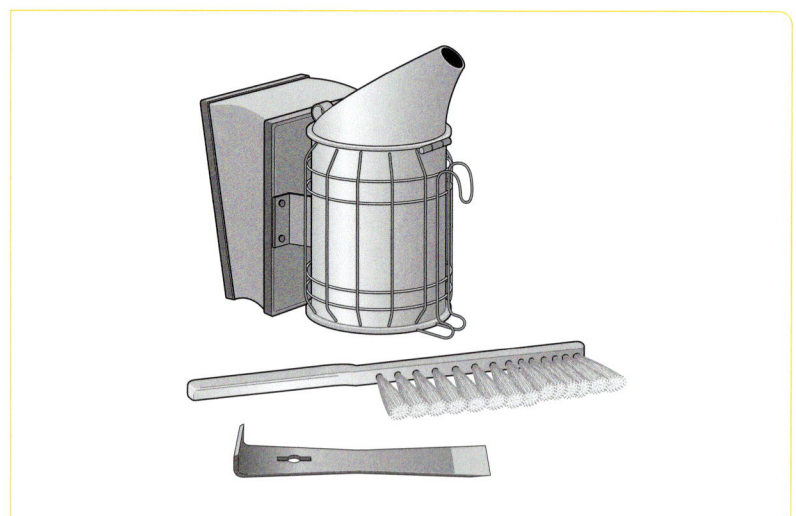

Smoker, Stockmeißel
und Abkehrbesen,
die wichtigsten drei.

Zubehör für den Imker

Anzahl	Teil	Kosten in €
2	Beuten komplett	180
2	Absperrgitter	7
60	Rähmchen	60
60	Mittelwände	40
1	Imkerschutzhemd	35
1	Lederhandschuhe	15
1	Smoker	25
1	Stockmeißel	7
1	Bienenbesen	4
Summe in €		373

Stand der Preisliste 2010.

Verzichten Sie außerdem auf Schnäppchenangebote von Imkerkollegen. Leider werden Imkerneulingen dabei gern Gegenstände verkauft, die nicht mehr dem Stand der Imkerei entsprechen oder hygienisch äußerst fragwürdig sind wie Gänsefedern statt Bienenbesen.

Dies gilt auch für spätere Anschaffungen zur Gewinnung und Aufbewahrung von Honig. Hygienisch zulässig sind nur Gegenstände aus lebensmittelechtem Kunststoff oder Edelstahl. Geräte aus Aluminium und lackiertem Weißblech haben in einer zeitgemäßen Imkerei dagegen nichts zu suchen!

Mit den Bienen durch das Jahr

Ihre neu erworbenen Bienen sind Wildtiere. Sie kommen auch ohne menschliche Fürsorge zurecht. Sie lassen sich auch nicht wie abgerichtete Hunde dem menschlichem Willen unterwerfen. Daran sollten Sie stets denken, wenn Sie an oder mit Ihren Bienen arbeiten. Die Bienen leben mit Ihnen und nicht von Ihnen!

In diesem Kapitel lesen Sie, wie Sie Ihren Bienen im Jahresverlauf das Leben erleichtern können. Wenn Sie überhaupt nichts tun, würden, könnten Ihre Bienen einige Jahre leben. Dann wären sie aber plötzlich weg – abgeschwärmt. Sie hätten sich eine neue Bleibe gesucht.

Ihnen blieben dann einige Altwaben und viele **Wachsmotten**, die den Wabenbau zerfräßen und so möglicherweise Platz für einen anderen Bienenschwarm auf Quartiersuche machen würden. Lassen Sie es nicht soweit kommen, gehen Sie nach dem folgenden Kalender vor.

Außen ist im Januar noch alles ruhig, doch drinnen bereiten sich die Bienen schon aufs Frühjahr vor.

Die meisten Imker bekommen ihre neuen Bienen im Frühjahr, meist in den Wochen um Ostern. Andere erwerben die ersten Ableger im Juni und päppeln diese auf. Wieder andere kaufen sich Völker nach der letzten Ernte – das ist zumeist im Juli – und wintern diese ein. Daher orientiert sich der folgende Plan am Kalenderjahr. Blättern Sie einfach auf den Monat weiter, der Ihre Situation beim Erwerb der ersten Bienen am besten trifft.

Januar – der Ruhemonat

Der Januar ist ein Ruhemonat für die Bienen. Sie kugeln sich auf ihren Waben zusammen und zehren von ihren Vorräten. Die Königin beginnt, seit die Tage gegen Ende Dezember wieder länger geworden sind, mit ihrem Brutgeschäft. Wenn Ihre Bienenkästen einen offenen Gitterboden haben und erhöht stehen, drohen Ihre Bienen auch bei hohem Schnee und verschneiten Flugbrettern nicht zu ersticken.

Sichern Sie Ihren Bienen eine störungsfreie Zeit

Am besten Sie lassen Ihre Bienenvölker völlig in Ruhe, denn bei jeder Erschütterung brausen die Völker auf und die Bienen fressen mehr. Damit füllt sich ihre Kotblase und wenn sie sich wegen der Kälte draußen nicht erleichtern können, ist das ungesund. Daher: Im Januar sind die Bienen tabu.

Bereiten Sie das neue Bienenjahr vor

Nutzen Sie die Zeit, sich auf die kommende Saison vorzubereiten. Dazu gehört die **Erneuerung des Wabenbaus**. Rechnen Sie damit, jedes Jahr ein Drittel aller Waben auszutauschen. Das sind pro Beute rund zehn Rähmchen. Entweder Sie kaufen fertig gedrahtete oder Sie machen sich die Mühe, sie selbst herzustellen.

Dazu kaufen Sie sich im Imkereifachhandel **Rähmchen** in Teilen sowie passende Nägel und Blaustifte für die Befestigung des Drahts. Die Rähmchenteile leimen Sie zunächst mit einem wasserfesten Holzleim zusammen. Schlagen Sie dann einen Nagel schräg in die geleimte Stelle ein. So hält die Verbindung auch dann, wenn sich der Leim eventuell gelöst hat.

Fädeln Sie danach den **Wabendraht** durch die vorbereiteten Löcher der Seitenteile. Manche Imker verstärken diese mit vermessingten Ösen, doch der Draht hält auch ohne. Mit den Blaustiften fixieren Sie den Draht so, dass er wie eine Saite leicht singt, wenn Sie ihn zupfen.

Legen Sie eine Mittelwand auf den Draht im Rähmchen. Nun nehmen Sie sich einen **Einlötetrafo** aus dem Imkereifachhandel oder den Trafo einer Modelleisenbahn und halten die Kontakte an die Enden

Die ersten warmen Tage im Jahr nutzen die Bienen für einen Ausflug.

der Drähte. Der Draht erwärmt sich und die Wachsplatte sinkt langsam ein. Trennen Sie den Kontakt rechtzeitig, sonst schneiden Sie die Mittelwand in Streifen.

Welcher Wabendraht ist der richtige?

Im Fachhandel erhalten Sie zwei grundverschiedene Drahtsorten: **verzinnter Wabendraht** ist preiswerter und weniger lange haltbar. Manche Sorten reißen bereits schon beim Drahten. Mit verzinntem Draht eingelötete Waben lassen sich leicht ausschneiden. Das ist ein Vorteil beim Umschneiden von Völkern, die verkauft werden sollen. Ausgeschmolzene Rähmchen müssen meistens erneut gedrahtet werden, da der verzinnte Wabendraht durch das Einspannen länger und dünner wird und so noch leichter reißt.

Edelstahldraht und der dazugehörige, stärkere Trafo sind rund 30 % teurer. Aber er ist ideal, wenn Altwaben ausgeschmolzen und nicht ausgeschnitten werden. Sie brauchen den Edelstahldraht nicht zu erneuern, sondern können die einmal gedrahteten Rähmchen immer wieder verwenden.

Februar – der Erwachmonat

Solange es noch kalt ist, verhalten sich Ihre Bienen wie im Januar. Wenn die Temperatur aber auf 10 °C bis 12 °C steigt, setzt am Bienenstand ein Brausen und fleißiges Fliegen ein. Freuen Sie sich an diesem Schauspiel. Die Bienen sind gerade beim **Reinigungsflug**, das heißt, sie entleeren ihre Kotblase. Dies hinterlässt Spuren auf Fensterscheiben und Autos. Erklären Sie Ihren Nachbarn, dass es nur einmal im Jahr passiert und die Verunreinigungen vom nächsten Regen abgewaschen werden. Meist wird es dann wieder kalt und die Ruhe kehrt an den Bienenstand zurück.

Heben Sie bei nicht fliegenden Völkern den Deckel und **kontrollieren** Sie, ob Ihre Tiere noch leben. Wenn Sie fest im Wintersitz sind und Kondenswasser an der Folie sichtbar ist, besteht kein Anlass zur Sorge. Alles ist in Ordnung. Ist der Kasten hingegen leer oder befinden sich darin nur einige verschimmelte Bienenkadaver auf den Waben, hat das Volk den Winter nicht überlebt. Verschließen Sie das Flugloch mit einem Schaumstoffstreifen und verhindern Sie so, dass Nachbarbienenvölker die Futtervorräte des toten Volkes ausräubern – sie könnten sich eventuell mit einer Bienenkrankheit wie zum Beispiel Nosemose (Durchfall) oder Faulbrut anstecken.

Vereinigen Sie weisellose Völker

Wenn die Tage Ende Februar länger und immer wärmer werden, können Sie Ihre Bienen genauer in Augenschein nehmen. Falls Sie auf dem Flugbrett unruhig umher laufende Tiere entdecken und das Volk bei einem leichten Schlag gegen die Beute sehr viel länger als vergleichbare Nachbarvölker braust, liegt der Verdacht nahe, dass ihm die **Bienenkönigin** abhanden gekommen ist. Ziehen Sie eine Wabe in der Mitte des Bienensitzes. Sehen Sie jetzt keine Brut, dann hat das Volk keine Königin mehr. Es ist **weisellos**! Kontrollieren Sie die Randwaben. Waben mit Kotspritzern nehmen Sie heraus. Diese werden später eingeschmolzen. Die Zarge mit den weisellosen Bienen setzen sie einem weiselrichtigen Nachbarvolk auf. Innerhalb weniger Stunden haben sich die Bienen beruhigt und bilden ein größeres Gesamtvolk.

Völker vereinigen – aber richtig

Nur im zeitigen Frühjahr und späten Herbst können Sie Bienen aus zwei Völkern einfach so übereinander stellen. Legen Sie einen Bogen Zeitungspapier zwischen die Zargen. Durchstoßen Sie ihn über dem Bienensitz einige Male mit der Kante ihres Stockmeißels. Setzen Sie danach die andere Zarge obenauf. In den kommenden Stunden werden die Bienen von oben und unten das Papier durchknabbern und sich friedlich vereinigen.

In den übrigen Monaten bekämpfen sich Bienen mit unterschiedlichem Stallgeruch und sind daher nicht so einfach zusammenzuführen.

Stärken Sie schwache Völker

Besetzt ein Volk weniger als drei Waben, ist es zu schwach, um durch das anstrengende Frühjahr zu kommen. Solche Völkchen vereinigen Sie mit anderen. So kann aus zwei Schwächlingen doch noch etwas werden. Die Königin brauchen Sie für diese Aktion nicht zu entnehmen. Die Bienen suchen sich selbst die ihnen genehme aus.

Besetzt ein Bienenvolk an einem der warmen Februartage nur vier bis fünf Waben, können Sie es innerhalb von vier Wochen aufpäppeln. Dazu legen Sie ein Absperrgitter auf die oberste Brutzarge eines starken Volkes. Darauf stellen Sie das schwächere Bienenvolk. Dieses Doppelvolk überlassen Sie nun vier Wochen völlig sich selbst. Dann nehmen Sie den aufgesetzten, ehemaligen Schwächling herunter. Hat er deutlich zugelegt, können Sie ihn auf einen eigenen Boden stellen. Schwächelt er immer noch, entfernen Sie das Absperrgitter und vereinigen die beiden Völker so.

Tränken Sie Ihre Bienen

Im Vorfrühling herrscht an wärmeren Tagen ein kräftiger Flugbetrieb. Viele dieser fleißigen Sammlerinnen holen Wasser aus nahen Gartenteichen und anderen stehenden Gewässern. Legen Sie eine eigene Tränke an, die allerdings ständig gefüllt sein muss. Ein wassergefüllter Eimer mit einigen Styroporbrocken aus Verpackungsmaterial erfüllt diesen Zweck bereits. Trocknet die Wasserstelle aus, suchen sich Ihre Bienen eine zuverlässigere Quelle. Dann kostet es viel Überzeugungsarbeit, sie wieder an die alte Wasserstelle zu gewöhnen. Um das zu verhindern, können Sie den Hahn ihres Gartenwasseranschlusses etwas aufdrehen und wenig Wasser auf ein Brett tropfen lassen. Am liebsten wird dieses Wasser genommen, wenn sich das Brett durch die Strahlung der Sonne aufwärmt (siehe Foto Seite 23). Diese Tränke lassen Sie so lange am Stand bis sie von den Bienen nicht mehr angenommen wird.

März – der Kontrollmonat

Dieser Monat ist entscheidend für den Erfolg der kommenden Saison. Ist der März warm, geht die Königin kräftig in Brut, die Bienenvölker gewinnen kontinuierlich an Stärke und bringen zur Obstblüte im Mai schon viel Honig. Ist der Monat hingegen winterlich und kalt, kommt das Frühjahr meist ganz plötzlich. Die Bienen hinken in ihrer Entwicklung dann drei bis vier Wochen hinter der Vegetation her und können den Blütenreichtum überhaupt nicht richtig nutzen.

Messen Sie den Futtervorrat

Wechseln sich Kalt- und Warmperioden im März ab, legt die Königin an den warmen Tagen viele Eier. Wird es dann kalt, unternehmen die Bienen alles, damit die frische Brut nicht auskühlt. Dazu heizen sie kräftig. Das kostet Energie und damit Futter. Zwei Drittel der im Herbst angelegten Futtervorräte werden im Frühjahr zur Aufzucht der Brut verwendet. Kontrollieren Sie daher den Futtervorrat Ihrer Bienen. Dazu heben Sie die Beuten von hinten etwas an. Dabei werden Ihnen schwerere und leichtere auffallen. Öffnen Sie die Leichtgewichte. Sind noch mindestens zwei verdeckelte Futterwaben vorhanden? Dann brauchen Sie nichts zu unternehmen. Bei geringeren Vorräten hängen Sie Futterwaben aus schweren Völkern in die leichten um.

Kontrollieren Sie den Boden

Außer bei akuter Futternot sollten Sie die Bienen an kalten Märztagen immer noch in Ruhe lassen. Nur den Boden können Sie sich schon einmal anschauen und säubern. Dazu heben Sie die Brutzargen ab, sodass Sie nur noch den Boden vor sich haben. Im Boden liegen viele tote Winterbienen. Drehen Sie den Boden um und kratzen Sie verendete Bienen mit dem Stockmeißel aus den Ecken. Ein bis zwei Tassen **toter Bienen** sind normal. Sind es mehr, könnte das Volk selbst tot sein. 10 bis 15 % der Völker überleben den Winter nicht. Die Ursache ist meist der sogenannte **Futterabriss**, das heißt, aufgrund großer Kälte kommen die Bienen nicht an ihre Futtervorräte heran und verhungern. Dann füllen die toten Bienen, die Sie in der Beute finden, einen 5-Liter-Eimer. Räumen Sie den Kasten ab. Eventuell noch vorhandene Futterwaben können Sie zur Fütterung anderer Völker verwenden oder für die Bildung von Ablegern im Mai/Juni aufbewahren.

Schauen Sie Ihre Völker durch

Ende März oder Anfang April wird es Zeit für die erste sogenannte **große Durchschau**, mit der Sie sich einen Überblick über den Zustand Ihrer Völker verschaffen. Inspizieren Sie keinesfalls alle Waben. Dazu ist es noch zu früh und es gibt für Sie auch noch nichts Interessantes zu entdecken.

Wenn Ihre Völker auf zwei Zargen überwintert haben, sitzen Sie jetzt meistens direkt unter der Abdeckfolie in der oberen Zarge. Die untere ist futter- und bienenfrei. Nehmen Sie die leere Zarge weg. Alte, **schwarze Waben** sondern Sie zum Schmelzen aus.

Wenn ein Bienenvolk in einer Ecke der Zarge sitzt, ist es oft noch etwas schwach. Sie können es immer noch, wie bei Februar beschrieben, auf ein stärkeres Nachbarvolk aufsetzen. Oder Sie engen das Volk ein, indem Sie einige Randwaben entnehmen und mit einem

Hinweis

Von nun an bis zur Sommersonnenwende brauchen die Bienen Ihre besondere Unterstützung.

passend zugesägten Sperrholzbrett den Brutraum verkleinern. Eine gewisse räumliche Enge treibt die Völker an und sie entwickeln sich später schneller.

Auf dem Land geben Imker ihren Bienen nun Pollenersatzstoffe wie Sojamehl, weil sie in der Natur nicht genügend Pollen finden. Als Imker in der Stadt mit überreichem Angebot an Frühblühern wie Haselnuss und Krokusse haben Sie diese Sorge nicht.

Das Volk will wachsen. Geben sie ihm eine neue Brutzarge mit acht Mittelwänden, einem Baurahmen und einer leeren Wabe.

April – der Erweiterungsmonat

Sie können nun Woche für Woche und sogar Tag für Tag erleben, wie Ihre Bienen immer zahlreicher werden. Mit bis zu 2 000 neuen Bienenbürgern am Tag hat sich der Bienenstaat zu einem stark wachsenden Gemeinwesen entwickelt. Außerdem steht im April die Obstblüte an.

Geben Sie Ihren Bienen Raum zum Leben

Zumeist Mitte April, just in den Tagen der Stachelbeerblüte, steht ein großer Eingriff bevor. Ihre Bienen brauchen Platz und diesen geben Sie ihnen, indem Sie den Völkern eine komplette Zarge mit vielen Mittelwänden (MW) aufsetzen.

Die Zarge können Sie bereits im Winter vorbereiten. Sie sieht von links nach rechts so aus:

MW, MW, Baurahmen, MW, MW, Leerwabe, MW, MW, MW, MW.

Die ausgebaute Wabe in der Mitte der zweiten Zarge veranlasst die Königin, rasch in die obere Zarge umzuziehen. Die Baubienen ziehen mit um und bereiten alles für den Einzug der Bienen in die obere Zarge vor.

Lassen Sie die Gesundheit Ihrer Bienen überprüfen

- Sie beabsichtigen, dieses Jahr mit Ihren Bienen ins Umland zu wandern?
- Oder Sie haben überzählige Bienenvölker, die Sie verkaufen möchten?
- Dann benötigen Sie eine Gesundheitsbescheinigung Ihres zuständigen Amtstierarztes. Jetzt ist der richtige Zeitpunkt, sich diese zu besorgen, denn die Völker quellen noch nicht vor lauter Bienen über.

Vereinbaren Sie telefonisch einen Termin mit dem **Amtstierarzt**. Bitten Sie ihn, sich nicht allein auf den Augenschein zu verlassen, sondern eine **Futterkranzprobe** zu nehmen. Diese wird dann in einem spezialisierten Labor auf Faulbrutsporen untersucht. Die Keime sind bereits zwei Jahre vor dem Ausbruch der Erkrankung im Volk nachweisbar. Je früher ein Befall erkannt wird, desto leichter lässt sich das Volk sanieren.

Sie brauchen aber nicht unbedingt einen Amtstierarzt, um eine verwertbare Futterkranzprobe zu entnehmen. Das können Sie auch allein. Gehen Sie dabei nach der folgenden Anleitung vor.

Schaben Sie mit einem Löffel Honig vom Rand des Brutnestes, um ihn auf Faulbruterreger untersuchen zu lassen.

Wie Sie eine untersuchbare Futterkranzprobe entnehmen

Schritt 1 – In der Regel werden Sammelproben aus fünf bis sechs Völkern entnommen. Bereiten Sie pro Einzelprobe einen Esslöffel und einen frischen 2-Liter-Tiefkühlbeutel vor. Tauchen Sie die Löffel zum Sterilisieren in kochendes Wasser, lassen sie sie an der Luft trocknen. Legen Sie diese danach jeweils in einen frischen Tiefkühlbeutel. Packen Sie außerdem ein leeres Honigglas ein, bevor Sie an Ihren Bienenstand gehen.

Schritt 2 – Beschriften Sie mit einem Filzstift die Probetüten mit Ihrem Namen und den Nummern der Völker, aus denen Sie gleich die Proben entnehmen. Stopfen Sie einen der Tiefkühlbeutel in das Glas, ähnlich wie Sie es sonst mit einem Müllbeutel im Mülleimer machen. Dann vertreiben Sie mit etwas Rauch die Bienen von den Brutwaben. Ziehen Sie eine Brutwabe und schaben Sie mit dem Löffel Honig, Wachs und Pollen direkt vom Rand des Brutnestes – dem Futterkranz – ab. Stören Sie sich nicht daran, wenn einige Eier, Puppen oder Bienen in der Probe landen.

Schritt 3 – Lassen Sie den Honig vom Löffel in den Beutel tropfen, dann streifen Sie den Inhalt des Löffels am Rand ab. So verfahren Sie auch bei den nächsten Völkern Ihrer Sammelprobe. Sie sollte zum Schluss mindestens 100 g wiegen.

Schritt 4 – Ziehen Sie den Beutel aus dem Glas und verschließen Sie ihn fest mit einem Knoten, Gummiring oder Draht.
Verpacken Sie alles in ein Päckchen. Im Begleitschreiben notieren Sie neben Ihrer Adresse, wann Sie die Probe entnommen haben und die Anschrift Ihres Bienenstandes. Dann schicken Sie die Probe an das nächstgelegene bienenwissenschaftliche Institut oder Ihr zuständiges Veterinäruntersuchungsamt. Ihr Amtsveterinär kennt die Adresse. Nach spätestens zwei Wochen erhalten Sie die Ergebnisse. Falls Ihr Imkerverein oder Verband die Kosten der Untersuchung nicht übernimmt, stellt Ihnen das Labor dafür 11 bis 15 € in Rechnung.

Geben Sie Ihren Bienen Platz für Honig

Etwa zwei Wochen nach der ersten Erweiterung mit einem zweiten Brutraum ist das Volk so stark gewachsen, dass Sie ihm über einem Absperrgitter einen Honigraum aufsetzen können. Dies ist etwa zur Zeit der Kirschenblüte. Die Bienen sollten die obere Zarge bereits stark besetzen, sonst warten Sie noch einige Tage ab.

Oft haben die Bienen zu diesem Zeitpunkt bereits Honig eingetragen und in der oberen Brutraumzarge eingelagert. Diese Waben entnehmen Sie und ersetzen sie durch Mittelwände oder Leerwaben. Die Honigwaben hängen Sie in den Honigraum. Dort wird er von den Bienen weiter eingedickt und zusammen mit dem Nektar der anstehenden Obstblüte zum ersten schleuderfähigen Honig des Jahres verarbeitet.

Mai – der Schwarmmonat

Der Wonnemonat ist die Zeit im Jahr, in der Sie sich am meisten mit Ihren Bienen beschäftigen dürfen. Schwarmkontrolle, Ableger bilden, Königinnen züchten und auch schon die erste Honigernte stehen in diesem schönen Frühjahrsmonat auf dem Programm.

Trotz all dieser Aufgaben sollten Sie den ganzen Monat die **Schwarmneigung** Ihrer Völker im Blick behalten – und zwar über das Monatsende hinaus bis hin zur **Sommersonnenwende** am 21. Juni.

Ein Bienenschwarm hängt im Busch! Jetzt rasch die Kiste holen und ihn einfangen.

Etwa ab Mitte Mai erwacht der natürliche Vermehrungstrieb der Bienen. Sie kommen ins Schwärmen. In der Stadt reagieren die Menschen entweder mit großem Interesse – dann filmen sie das Schauspiel mit ihrer Kamera – oder mit Entsetzen, weil sie sich vor einer Wolke laut summender Bienen fürchten.

Keine Frage, schwärmende Bienen sorgen für Aufregung bei Ihren Nachbarn. Daher sollten Sie alles unternehmen, um den **Schwarmtrieb** zu **unterdrücken**. Außerdem bereiten Ihnen schwärmende Völker mehr Arbeit und sie bringen nach dem Schwärmen keinen Honig mehr, den Sie ernten können.

So beugen Sie einem Schwarm erfolgreich vor

Es sind verschiedene Faktoren, die die Bienen zum Schwärmen anregen: eine ältere Königin, schlechtes Wetter, eine große Anzahl unterbeschäftigter Pflegebienen und eine gewisse erbliche Veranlagung. Bei der Unterdrückung des Schwarmtriebs kommt es darauf an, dass Sie diese Schwarmanlässe unter einer bestimmten Schwelle halten, sodass Ihre Bienen gar nicht erst in Schwarmstimmung kommen. Bewährt haben sich dabei diese vier Maßnahmen:

- Tauschen Sie spätestens alle zwei Jahre die Königinnen aus. An Ihrem Stand sollten nur Völker mit ein- und zweijährigen Weiseln sein.
- Geben Sie Ihren Völkern immer genug Raum. Ein sich normal entwickelndes Wirtschaftsvolk braucht in der von Mai bis Juni dauernden Schwarmsaison zwei Zargen für die Brut und eine Zarge für den Honig. Die Bienen kommen binnen weniger Tage in Schwarmstimmung. Falls Sie also in der Hochsaison den Honigraum zur Ernte abnehmen, sollten Sie spätestens am kommenden Tag einen neuen Honigraum aufsetzten. Ihre Bienen leiden sonst unter Platznot.
- Züchten Sie nicht von Schwärmen oder abgeschwärmten Völkern nach. Zwar ist die erbliche Veranlagung nur einer der Gründe, warum Bienen schwärmen, doch Sie gehen auf Nummer Sicher, diese Erbanlage nicht auch noch zu verbreiten, indem Sie konsequent darauf verzichten, von Völkern Nachkommen zu ziehen, die bereits eine Schwarmneigung gezeigt haben.
- Achten Sie auf eine ausreichende Versorgung mit Futter. Königinnen der bei uns weit verbreitete Bienenrasse Carnica reagieren auf Trachtlücken, indem sie sofort weniger Eier legen. Weil die Pflegebienen dann mangels Nachwuchs unterbeschäftigt sind, kommt das gesamte Volk in Schwarmstimmung. Trachtlücken tauchen in der Stadt besonders nach dem Ende der Robinien- und vor der Lindenblüte auf, das heißt in der Regel Ende Mai. Sie können Ihre Bienen etwas mit Zucker- oder Honigwasser füttern oder Sie

ergreifen schwarmverhindernde Maßnahmen, sobald Sie eine aufkommende Schwarmneigung beobachten.

Sieben Signale, die Ihnen aufkommende Schwarmneigung anzeigen

Geübte Imker erkennen mit scharfem Blick, ob ihre Bienen Reisegedanken bekommen, denn es gibt Anzeichen! Diese Erfahrung können auch Sie gewinnen, wenn Sie auf die unten genannten Merkmale achten. Wenn Ihnen eines davon auffällt, dann inspizieren Sie die Brutwaben genau. Kommen mehrere Anzeichen zusammen, dann befindet sich das Volk wahrscheinlich in aufkommender Schwarmstimmung. Ergreifen Sie schwarmverhindernde Maßnahmen! So vermeiden Sie, dass eine laut brausende Bienenwolke Ihre Nachbarschaft in Aufregung versetzt.

1. Das Volk enthält keine oder kaum jüngste Brut, sodass Sie fast den Eindruck haben, das Volk wäre weisellos.
2. Der Sammeleifer lässt nach. Die meisten Bienen befinden sich im Stock und es hat den Anschein, die Wabengassen quellen über. Dabei wirkt das Volk wie von einer inneren Unruhe erfasst.
3. Die Wabe im Baurahmen ist unten nicht gerade, sondern in kühnen Bögen geschwungen, wie eine Girlande. Womöglich hängen daran sogar angepflegte Weiselzellen.
4. Die Bienen hängen im hohen Boden als riesiger Klumpen an der untersten Rähmchenreihe. Bei Beuten ohne hohen Boden hängen sie wie ein Bienenbart an der Außenseite des Fluglochs.
5. Die in den Wabenzellen eingelagerten Pollen sind nicht mehr matt, sondern glänzen ölig.
6. Beim Kippen des oberen Brutraums fallen Ihnen an den Unterträgern der Rähmchen kleine Becher, Weiselnäpfchen, auf, die innen wie frisch geputzt glänzen.
7. Sie finden bereits langgezogene Weiselzellen, in denen die Larven im Futtersaft schwimmen.

Vier Methoden, wie Sie das Schwärmen Ihrer Bienen verhindern

Damit ein Volk schwärmen kann, müssen vier Elemente zusammenkommen. Sie bilden das **magische Viereck des Schwärmens**: eine **alte Königin**, eine kurz vor dem Schlupf stehenden **Jungkönigin**, **Flugbienen**, Vorräte an **Brut**. Sind alle vier Elemente ausreichend vorhanden, ist das Volk mit sich im Gleichgewicht. Es wird kurz vor Mittag an einem schönen warmen Frühjahrstag schwärmen und der wegfliegende Teil wird sich ein neues Quartier suchen. Wann immer Sie eines dieser Elemente durch einen Eingriff wegnehmen, wird das Volk nicht zum Schwärmen kommen!

Methode 1 – der Königinnenableger

Suchen Sie die Wabe, auf der die alte Königin sitzt. Das ist etwas mühsam, da das Volk ja vor lauter Bienen fast überquillt. Doch wenn die Königin mit einem farbigen Punkt gekennzeichnet ist, kommen Sie mit dieser Methode gut zurecht. Entnehmen Sie zusammen mit der Wabe der Königin noch vier andere Brutwaben, und setzen Sie alles in einen anderen Bienenkasten. Dann brechen Sie alle Weiselzellen in Ihrem schwarmlustigen Volk aus. Warten Sie neun Tage und brechen noch einmal alle Weiselzellen aus. Danach können Sie die Zarge mit der alten Königin wieder aufsetzen und ungestört weiter imkern.

Der Effekt: Das Volk kann nicht schwärmen, weil es keine Königin hat.

Methode 2 – Schwarmzellen brechen

Bei dieser besonders bei Anfängern beliebten Methode brechen Sie spätestens alle neun Tage die bis dahin entstandenen Schwarmzellen aus. Wenn es Ihnen gelingt, alle Schwarmzellen zu finden, ist diese Methode effektiv. In der Praxis ist diese Methode etwa so erfolgreich wie der Coitus interruptus bei der Empfängnisverhütung: Sie kann funktionieren, doch unerwünschte Folgen sind wahrscheinlich, weil Sie Schwarmzellen übersehen haben.

Der Effekt: Klappt die Methode, dann schwärmt das Volk nicht, weil keine Jungkönigin heranreifen kann.

Methode 3 – der Flugling

Stellen Sie Ihr schwarmlustiges Volk an einen anderen Ort. Zehn Meter reichen bereits aus. Wo das Volk einst stand, platzieren Sie einen neuen Kasten mit einer einzelnen Brutwabe aus Ihrem schwarmlustigen Volk und einigen Leerwaben. Die Flugbienen, die zu wissen glauben, wo sich ihr Heimatvolk befindet, fliegen alle dem Kasten mit der Brutwabe zu.

Der Effekt: Das Volk kann nicht schwärmen, weil es ohne Flugbienen ist.

Methode 4 – die Brutdistanzierung

Diese Methode ist am gründlichsten und wirkungsvollsten, denn Sie funktioniert auch noch, wenn das Schwärmen unmittelbar bevorsteht. Dazu entnehmen Sie Brutwabe für Brutwabe und fegen alle ansitzenden Bienen in den Boden Ihres Kastens ab. Auf den nun bienenfreien Waben brechen Sie alle Weiselzellen aus. Dann stellen Sie die Brutwaben in eine leere Zarge. Nur eine einzige Brutwabe pro Zarge belassen Sie in den Brut räumen. Den frei werdenden Platz in den Brutzargen füllen Sie mit Mittelwänden. Dann setzen Sie den Honigraum wieder auf die beiden Brut räume und die Zarge mit den bienenfreien Brutwaben auf den Honigraum.

Der Effekt: Das Volk kann nicht schwärmen, weil die Brutwaben vom Volk getrennt sind.

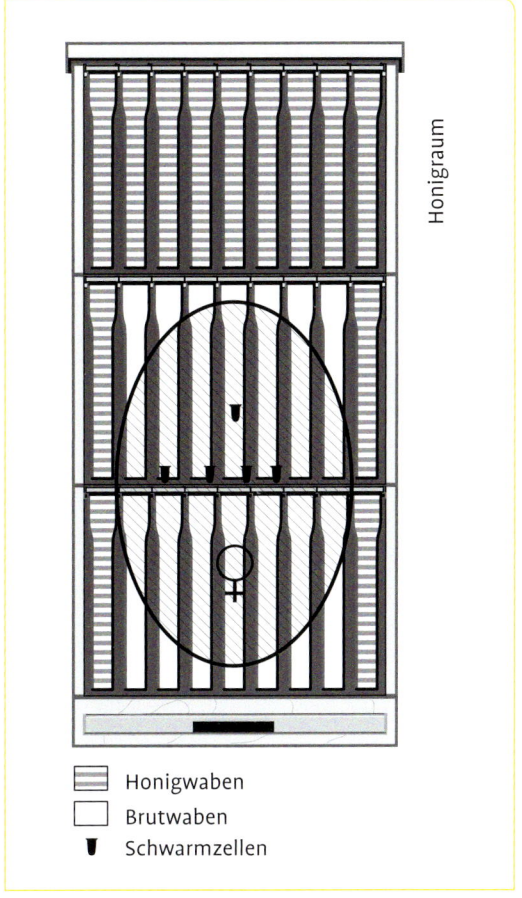

Honigraum

Honigwaben
Brutwaben
Schwarmzellen

Oben: Vorher – Volk ist in Schwarmstimmung

Rechts: Nachher – Alle Brutwaben bis auf zwei hängen ohne Königin über dem Honigraum. Die unteren Bruträume enthalten je eine Brutwabe und zwei Futterwaben, der Rest wird mit Mittelwänden oder Leerwaben aufgefüllt. Alle Schwarmzellen wurden ausgebrochen.

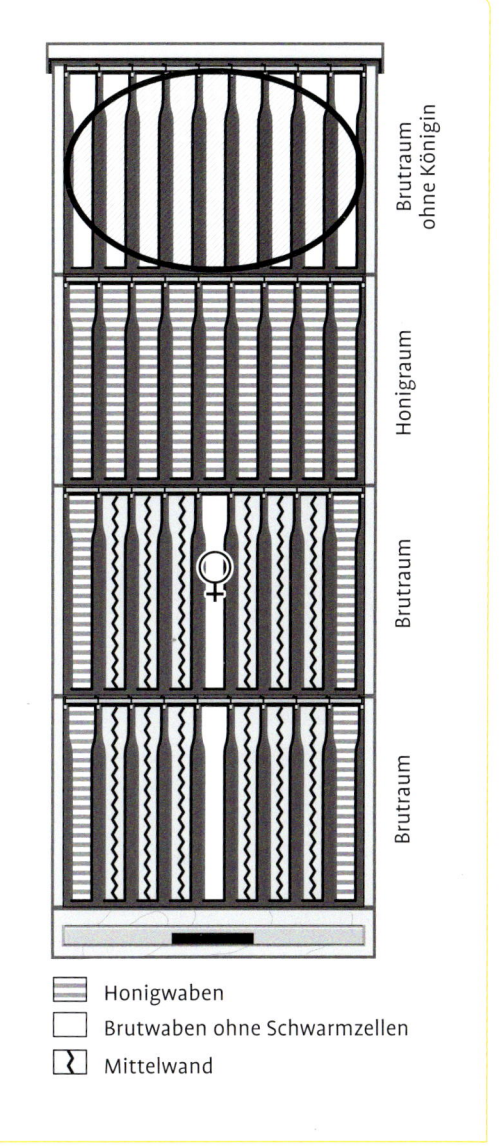

Brutraum ohne Königin

Honigraum

Brutraum

Brutraum

Honigwaben
Brutwaben ohne Schwarmzellen
Mittelwand

Juni – der Erntemonat

In der Stadt steht jetzt die erste Honigernte an. Wie Sie den Honig richtig ernten und mit Sorgfalt zu einem hochwertigen Lebensmittel verarbeiten, erfahren Sie im nächsten Kapitel. Daher hier nur einige Bemerkungen zu den drei bis vier Ernten, die Sie in der Stadt schleudern können.

Extratipp

An einem Tag ernten – ein Jahr lang genießen

In der Stadt lassen sich aufgrund der vielfältigen Flora in aller Regel keine Sortenhonige ernten. Machen Sie aus der Not eine Tugend! Immer wenn Ihr Honigraum voller Honig ist, schieben Sie einfach eine neue Zarge mit Leerwaben, notfalls auch mit Mittelwänden unter. Auf diese Weise sammeln Sie einen Honigvorrat und ernten am Ende der Saison nur an einem Tag Ihren Honigbedarf für das ganze Jahr. Das Ergebnis ist ein garantiert hochwertiger und sehr aromatischer Vielblütenhonig.

Wenn Imker von Tracht sprechen, dann meinen sie das, was ihre Bienen aus den verschiedensten Trachtpflanzen heim in ihren Bienenstock schleppen. Wie die Tracht letztlich ausfällt und was Sie nachher ernten, hängt von vielen Faktoren ab: vom Boden ebenso wie vom Klima und dem ganz konkreten Wetter. Regnet es konstant in den wenigen Tagen, in denen zum Beispiel die Robinie blüht, fliegen Ihre Bienen nicht. Das gleiche gilt für die Schafskälte im Juni. Fällt die Temperatur unter 12 °C, bleiben die Bienen lieber in ihrem wärmenden Kasten. In beiden Fällen mag es zwar wunderschön blühen, doch Sie ernten trotzdem nichts. Trösten Sie sich in solchen Fällen damit, dass Sie als Stadtimker die Schafskälte lange nicht so hart trifft wie Ihre ländlichen Imkerkollegen.

Hinweis

Wie auch immer Ihr Honig ausfällt, nehmen Sie den ersten eigenen Honig als Anstoß, auf Entdeckungsreise in die große, aber weithin unbekannte Geschmackswelt des Honigs zu gehen. Jeder Honig hat einen besonderen Wohlgeschmack. Entdecken Sie ihn!

Diese Sorten ernten Sie in der Stadt

Ohne mit Ihren Bienen zu wandern, können Sie in der Stadt mindestens zwei, wahrscheinlich aber drei und manchen Fällen sogar vier einzelne Honige ernten. Das sind sie:

Frühjahrsblüte

Der erste Honig des Jahres stammt vom Nektar ganz verschiedener Pflanzen, die in den Gärten und Grünbereichen der Stadt vorkommen, und zwar hauptsächlich von Ahorn, Kirsche, Löwenzahn, Apfel, Birne, Johannis-, Stachel- und Himbeere.

Erste Sommerblüte

Bei den nach der Frühjahrsblüte geernteten Honigen dominieren einzelne Trachtpflanzen. Ihnen fehlt das runde Aromabouquet eines Vielblütenhonigs und Sie können einen ganz charakteristischen Geschmack erkennen. Bei der rund drei bis vier Wochen nach der Frühjahrsblüte geschleuderten Sommerblüte dominiert oft die überaus milde, blumige Robinie.

Zweite Sommerblüte

Rund fünf bis sechs Wochen später – es ist inzwischen Mitte Juli – können Sie das dritte Mal schleudern. Dann ist die Linde verblüht. Je nach Standort und Witterung schmecken Sie das minzige, etwas an Hustenbonbons erinnernde Aroma der Linde aus dieser kräftigen zweiten Schleuderung der Sommerblüte heraus.

Waldhonig

In seltenen Fällen können Sie in den Wochen nach der Ernte der zweiten Sommerblüte noch einen Waldhonig schleudern. Dies erkennen Sie daran, dass Ihre Bienen plötzlich wie wild zu fliegen beginnen, obwohl Sie selbst nichts mehr blühen sehen. Das liegt daran, dass die Läuse auf Fichten, Tannen und Kiefern in den Stadtwäldern dem ungeübten Augen verborgen bleiben. Wenn Sie nicht bereits nach der zweiten Sommerblüte Ihre Völker für den Winter aufgefüttert haben, ernten Sie jetzt noch einen dunkelbraunen bis grünschwarzen Honig. Er schmeckt angenehm würzig und hat eine ganz leichte harzige Note.

Gemeinsames Honigschleudern mit Imkerfreunden und Kindern macht Freude.

Juli – der Gesundheitsmonat

Nachdem Ihre Bienenvölker in den vergangenen Wochen bis zur Sommersonnenwende immer mehr gewachsen sind, werden Sie im Juli einen Umschwung feststellen. Die stetige Zunahme an Bienen hat Ihren Höhepunkt überschritten. Die Schwarmlaune ist den Völkern vergangen. Auch Sie müssen sich mit dem Gedanken anfreunden, dass Ihre Bienen nun weniger Fürsorge brauchen. Auch wenn für Sie der Sommer gerade erst begonnen hat, in diesem Monat legen Sie die Grundlage für eine gute Folgesaison mit gesunden Bienen im kommenden Jahr. Die Eingriffe, die jetzt anstehen, verhelfen Ihren Bienen zu einem guten Start im nächsten Frühjahr.

Verkleinern Sie die Beuten

Ihre Völker schrumpfen. Damit wird auch ihr Platzbedarf geringer. Nachdem Sie das letzte Mal geschleudert haben, setzen Sie den Honigraum den Völkern nicht wieder auf. Sie sitzen nun auf zwei Zargen. Das reicht! Wenn Sie merken, dass Ihre Bienen auch diese nicht mehr ausfüllen, können Sie den Platz weiter reduzieren. Dann genügt ihnen auch nur eine Zarge. So gehen Sie dabei vor:

- Suchen Sie vor allem nach den dunklen, mehrfach bebrüteten und daher fast schwarzen Brutwaben. Diese müssen auf jeden Fall raus aus dem Volk. Fegen Sie diese Waben mit einem Besen ab und hängen Sie sie in eine Leerzarge. Verschließen Sie diese sofort mit einem Deckel, denn um diese Jahreszeit stürzen sich Bienen auf jeden Honig, den sie finden können.
- Falls die dunklen Waben noch großflächig mit Brut besetzt sind, können Sie die Wabe zusammen mit anderen, die Sie aussortieren möchten, sammeln. Legen Sie ein Absperrgitter auf den verbleibenden Brutraum und setzen Sie die abgefegten Waben darüber. Nach drei Wochen sind alle Bienen geschlüpft und Sie können die Waben aussortieren und einschmelzen.
- Alle hellen, nur einmal oder wenig bebrüteten Waben, sowie Waben voller Honig oder Pollen lassen Sie den Bienen.

Behalten Sie die Milben im Blick

Sicher haben Sie bereits von der Varroa-Milbe gehört. Das ovale, mit bloßem Auge nur als Pünktchen wahrnehmbare Spinnentier wurde Ende der 1970er Jahre nach Europa eingeschleppt. Im Gegensatz zu den asiatischen Bienen haben unsere Bienen bisher nicht gelernt, mit diesem Parasiten umzugehen. Die Milbe ist eine Plage für Bienen und Imker und muss unbedingt im Auge behalten werden. Sie sitzt auf dem Thorax (Brust oder Vorderkörper) und dem Abdomen (Hinterleib) der Biene und saugt Hämolymphe (Bienenblut). Sie vermehrt sich während der Verpuppungsphase der Biene. Die geschwächten Puppen erkranken in der Folge an verschiedenen Viruserkrankungen, zum Beispiel am Flügeldeformationsvirus (DWV, Deformed Wing Virus). Nach der Metamorphose schlüpfen diese mit verkrüppelten Flügeln.

So erkennen Sie einen starken Varroabefall sofort
- **Krabbler:** Wer im Sommer deutlich mehr vor den Fluglöchern im Gras krabbelnde Bienen entdeckt als sonst, hat stark vermilbte Völker am Stand.
- **Tote Milben:** Viele Beutensysteme haben eine sogenannte Windel. Das ist eine weiße Platte, die unter den Gitterboden geschoben wird. Haben Ihre Bienenkästen keine, dann können Sie für diesen Zweck auch ein weißes Blatt Papier nehmen, das Sie in den Boden legen. Warten Sie fünf Tage. Ziehen Sie dann die Windel und zählen Sie die Milben, die Sie darauf finden, aus. Bis zu fünf Milben pro Tag sind tolerierbar. Nach fünf Tagen dürfen Sie also höchstens 25 Milben finden. Sind es mehr, ist eine Milbenbehandlung nötig.

In den folgenden Monaten nehmen Sie auf diese Weise die Milbe dreimal „aufs Korn", denn von ihr und den Folgeerkrankungen droht Ihren Bienen die größte Gefahr. Mehr dazu können Sie ab Seite 122 nachlesen.

August – der Urlaubsmonat

Nach einer Behandlung gegen Milben und einer Futtergabe fahren viele Imker Ende Juli/Anfang August erst einmal in den Sommerurlaub. Was halten Sie davon, auch Ihren Bienen einen Urlaub zu gönnen – einen Arbeitsurlaub versteht sich! Der Imkern spricht vom Wandern. Im Umland Ihrer Stadt locken interessante Trachten.

Wanderung
Es lohnt sich zur Erhöhung des Honigertrags und zur Versorgung mit Pollen, Gebiete mit anderen Trachten anzuwandern. Manche Imker lassen Ihren Bienen diesen spät gesammelten Honig zur Überwinterung und sparen sich damit den größten laufenden Kostenfaktor einer Imkerei, die Einfütterung. Doch eine Wanderung braucht Vorbereitung. Nutzen Sie dazu diese Schritt-für-Schritt-Anleitung.

Schritt 1 – Finden Sie einen Wanderplatz
Sprechen Sie einen erfahrenen Imker an, ob Sie mit ihm wandern können. Wanderimker haben oft über Jahrzehnte einen festen Wanderplatz oder einen Landwirt, dessen Felder sie jedes Jahr anwandern. Meist funktioniert eine solche Wandergemeinschaft so: Sie hel-

Wanderungen ins
Umland lohnen sich
auch für Stadtimker.

fen dem erfahrenen Imker beim Auf- und Abladen seiner Völker.
Dafür nimmt er Sie mit.

Gibt es keinen Imker bei dem Sie unterschlupfen können, kümmern Sie sich selbst um einen Wanderplatz. Halten Sie die Augen auf,
wenn Sie im Mai und Juni übers Land fahren. Entdecken Sie ein größeres Feld, zum Beispiel mit Sonnenblumen, Phacelia, Buchweizen
oder Rotklee, ist der Detektiv in Ihnen gefragt. Sie müssen herausfin-
den, wem der Schlag gehört. Klingeln Sie am nächsten Bauernhaus
und fragen Sie, wer den Acker bewirtschaftet. So erhalten Sie am
schnellsten eine Antwort, denn Landwirte kennen sich untereinander.
Bitten Sie nun den Bauern um die Erlaubnis, dass Sie Ihre Völker an
seinem Feld abstellen dürfen.

Schritt 2 – Holen Sie sich eine Wandergenehmigung

Sie brauchen Bescheinigungen von Ihrem Amtstierarzt, dass Ihre Bienen gesund und nicht an amerikanischer Faulbrut erkrankt sind (siehe April Seite 51). Das Gesundheitszeugnis scannen Sie am besten ein und wandeln es in eine pdf-Datei um. Formulieren Sie ein Anschreiben an den Amtstierarzt des Kreises, in den Sie einwandern wollen. Die Adresse finden Sie unter „Veterinär- und Lebensmittelaufsichtsamt". Hängen Sie das Gesundheitszeugnis Ihres Veterinärs als Anhang an und mailen Sie alles rund eine Woche vor der beabsichtigten Einwanderung. Wenn Sie in den kommenden Tagen nichts hören, ist alles in bester Ordnung. Befände sich der beabsichtigte Wanderplatz in einem Sperrbezirk, beispielsweise wegen eines Faulbrutfalls oder einer Landbelegstelle, bekämen Sie umgehend eine ablehnende Antwort. In Belegstellen werden Bienenköniginnen kontrolliert in freier Wildbahn gepaart. Fremde Drohnen sind dort unerwünscht.

Schritt 3 – Bringen Sie Ihre Bienen in den „Urlaub"

Wandern Sie am Abend oder am frühen Morgen, wenn Ihre Bienen alle im Stock und nicht unterwegs sind. Schließen Sie das Flugloch mit einem passenden Schaumstoffstreifen. Damit verschließen Sie Ihre Beuten am sichersten, denn die im Handel zu verschiedenen Beutentypen erhältlichen Holzkeile fallen oft bei Bienentransport heraus. Verschnüren Sie Ihre Beuten mit einem Spanngurt. Leider

So zeigen Sie eine Wanderung an

Immer wenn Sie Bienenvölker aufstellen, haben Sie die Pflicht, dies dem zuständigen Amtsveterinär in einer kurzen Nachricht anzuzeigen. Nutzen Sie diese Formulierungshilfe:

Sehr geehrter Herr Dr. Immenmed,
hiermit zeige ich Ihnen eine Wanderung mit Bienen an. Ich werde etwa am 15. August in die Heide bei Erikadorf, Flurstück „Im Beerengrund", einwandern. Vorheriger Standort (*) war München-Aubing. Anbei erhalten Sie ein aktuelles Gesundheitszeugnis.

Mit freundlichen Grüßen
Fabian Bienenfleiß

(*) Ein Tipp: Statt die Lage des Standorts umständlich zu beschreiben, können Sie auch dessen Koordinaten angeben. Am einfachsten ermitteln Sie diese über den Internet-Dienst Google-Earth. Die Angabe lautet dann zum Beispiel: *„Die Koordinaten des Standorts lauten: 52°16'26.8" N, 13°26'51.82" E".* Genauer geht es nicht!

Preiswert und umweltfreundlich: Einwegpaletten

Stellen Sie Ihre Beuten nicht direkt auf den Erdboden oder in eine Senke, da sich dort im Herbst die kalte Luft sammelt. Hilfreich sind Einwegpaletten. Zwei handelsübliche Beuten passen darauf. Die Paletten werden zum Beispiel von Druckereien kostenlos abgegeben, sind unbehandelt und können nach einigen Jahren einfach in den Altholzcontainer Ihres nächsten Recyclinghofes geworfen werden.

hat die Qualität der im Imkereifachhandel angebotenen Gurte abgenommen. Gute Dienste erweisen Ihnen die 5-Meter-Spanngurte aus dem Baumarkt oder sogenannte Umreifungsbänder, die Sie im Verpackungsfachhandel erhalten. Am Wanderstand stellen Sie Ihre Bienen an einer vor Neugierigen geschützten Stelle ab. Denn leider werden immer wieder Bienen mitsamt der Beuten gestohlen. Oder Sie dienen gelangweilten Jugendlichen als Gegenstand für eine Mutprobe. Je weniger von Ihren Bienen zu sehen ist, desto besser.

Schritt 4 – Holen Sie Ihre Bienen zurück

Spätestens um den 15. September sollten Sie Ihre Bienen aus der Spättracht zurückholen, um sie schnellstens für den Winter vorzubereiten. Dabei spart es Wege, wenn Sie die Beuten komplett zurückholen, Sie also Honig und Volk zusammen und nicht getrennt transportieren. Stellen Sie die Völker wieder an Ihrem Heimatstand auf. Der Urlaub für Ihre Bienen ist nun vorbei.

Extratipp

Nehmen Sie stets Wasser mit

Packen Sie jedes Mal, wenn Sie Ihre Bienen besuchen, einen Kanister mit Trinkwasser ins Auto. Dieses wird Ihnen gute Dienste leisten:

- zu Ihrer Erfrischung, wenn Sie unter dem Schleier bei Sonnenschein viel schwitzen.

- zum Waschen mit Honig verklebter Werkzeuge sowie Ihrer Hände.
- zur Befüllung der Bienentränke.
- zur Beruhigung der Bienen, vor einer Wanderung an einem warmen Tag. Dazu gießen Sie vor dem Verschnüren der Völker etwa 200 ml, also ein Trinkglas Wasser in die Wabengassen.

Kann ich mit meinen Bienen zur Wanderung starten?

Eine Wanderung mit Bienen erfordert etwas Vorbereitung. Dabei ist nichts unangenehmer, als mit einem Anhänger voller Bienen weitab jeder menschlichen Siedlung zu stehen und dann festzustellen, dass etwas Wichtiges fehlt. Gehen Sie daher vor der An- und der Abwanderung diese Checkliste durch und Sie sind vor bösen Überraschungen geschützt.

❏ Ich habe mir einen PKW-Anhänger zum Transport der Beuten besorgt, zum Beispiel bei einem Verleih gemietet.

❏ Folgende Dokumente habe ich zur Beschriftung des Bienenstandes laminiert oder in eine Prospekthülle eingelegt: ein aktuelles Gesundheitszeugnis, ein Warnschild zum Beispiel mit der Aufschrift „Vorsicht Bienen", ein Zettel mit meiner Anschrift, Telefon- und Handynummer und – sofern vorhanden – eine Genehmigung des Wanderobmanns der Region.

❏ Ich habe eine Bienentränke, beispielsweise einen Hobbock mit Styroporstücken als Kletterhilfe sowie Kanister mit Wasser eingepackt, um die Tränke am Standplatz zu befüllen.

❏ Ich habe eine genügende Anzahl an Spanngurten, um die Völker zu verschnüren und für den Transport zu sichern.

❏ Ich habe Fluglochkeile, um die Bienen für den Transport am Wegfliegen zu hindern.

❏ Ich habe eine spezielle Bienentransport- oder Schubkarre, um die Beuten im Gelände vom Anhänger zum Standplatz transportieren zu können.

❏ Ich habe Schutzkleidung sowie Smoker, Stockmeißel und Bienenbesen eingepackt.

❏ Ich trage Sicherheitsschuhe mit Stahlkappen, falls mir eine Beute auf den Fuß fallen sollte.

❏ Ich habe für mich eine Wasserflasche im Gepäck.

Auswertung

Konnten Sie allen Aussagen zustimmen? Dann sind Sie wanderfertig. Fahren Sie vorsichtig und bedenken Sie, dass Sie ein Gespann fahren, das ausscheren kann. Schauen Sie regelmäßig in den Rückspiegel nach Ihrer Ladung.

Wichtig

Es gilt: Behandeln Sie Ihre Bienen nach der letzten Tracht gegen Milben und füttern Sie dann zügig ein. Mehr dazu lesen Sie ab Seite 122.

September – der Füttermonat

Allerspätestens im September bereiten Sie Ihre Bienen auf den nahen Winter vor. Wenn Sie keine Spättracht mehr anwandern, steht diese Aufgabe bereits im Juli und im August für Sie auf dem Programm.

Die Erfahrung lehrt, dass Bienen das Winterfutter gut aufnehmen, wenn sie in den Wochen vorher Tracht hatten. Bei einer Pause von sechs oder acht Wochen zum Beispiel zwischen Linde und Winterfütterung hingegen, vergeht den auf Diät gesetzten Bienen der Appetit.

Oktober – der Aufräummonat

An den Fluglöchern Ihrer Bienen ist nun immer weniger zu sehen. Die Völker stellen auf Winterbetrieb um. Bei gutem Wetter fliegen sie noch und holen vor allem Pollen. Dieser wird für das kommende Frühjahr zur Aufzucht der Brut eingelagert. An den Bienen gibt es für Sie außer dem Abräumen der leeren Futtergeschirre nichts mehr zu tun. Verlagern Sie Ihre Beschäftigung nach drinnen.

Reparieren Sie Defektes

Während der Saison ist sicherlich das eine oder andere Teil kaputt gegangen. Viele Imker sind ausgesprochene Bastler und Tüftler. Im Oktober haben Sie endlich die Zeit, Ihre Ideen aus der Saison umzusetzen.

Styroporzargen können zerbrochen oder Rähmchen aus dem Leim gegangen sein. Wenn Sie eine unbeheizte Werkstatt zum Beispiel in einem Hinterhof haben, können Sie Ihre Ausrüstung in diesem Monat noch ohne klamme Finger wieder einsatzfähig machen.

Auch der Holzleim für Holzverbindungen klebt noch. Benutzen Sie nur Holzkaltleim nach EN 204 (D3). Dieser Leim ist wasserfest und hält sowohl das feucht-warme Klima im Bienenvolk als auch den Dampfwachsschmelzer und jedes Regenwetter aus.

Bereiten Sie den Honigverkauf vor

In den vergangenen Monaten haben Sie manchen Eimer Honig geerntet. Denken Sie jetzt an den Verkauf. Sobald die Tage kühler werden, steigt die Nachfrage nach Honig vom Imker deutlich an. Sie werden Kunden wieder sehen, die seit einem dreiviertel Jahr nicht mehr bei Ihnen waren. Füllen Sie vor dem großen Ansturm im Dezember Ihren Honig ab.

Honige, die bereits **kandiert** sind, verflüssigen Sie am einfachsten mit einem **Melitherm-Gerät**. Dieses nimmt nicht viel mehr Platz ein als ein Putzeimer und hat auch in den beengten Verhältnissen einer Stadtimkerei seinen Platz – im Unterschied zu kühlschrankgroßen Wärmeschränken.

Das Melitherm besteht aus einer Heizspirale, einem Kübel mit einem Boden aus Lochblech, sowie einem Reifen zum Einspannen eines feinen Filtertuches. Tuch und Reifen legen Sie auf den Boden des Lochblechs. Dann stellen Sie die Heizspirale in das Gerät und das gesamte Melitherm auf einen Abfüllkübel. Kippen Sie nun den zu verflüssigenden Honig darauf. Stellen Sie das Gerät auf 60 °C ein und warten Sie, bis der ganze Honig verflüssig ist. Dann können Sie ihn abfüllen (siehe Seite 92).

Da der Honig im Melitherm nur sehr kurz erhitzt wird, erleidet er keinen nennenswerten Wärmeschaden. So ist diese Methode auch die einzige, die in der **Bioimkerei** zur Honigverflüssigung zugelassen ist. Sie können Ihren Kunden damit einen sehr sauberen und klaren Honig anbieten. Um diese Zeit lässt er sich auch bequem und ohne den Zeitdruck durch andere Tätigkeiten in der Imkerei cremig rühren.

November – der Wachsmonat

Es gibt nun kaum noch warme Tage. Für Ihre Bienen ist tiefster Winter. Sie haben sich auf ihren gut mit Honig gefüllten Waben zu einer dichten Kugel zusammengezogen. Dabei wandern die abgekühlten Tiere von der Außenseite nach innen, wo es mit über 30 °C gemütlich warm ist. Dort versorgen sie sich mit Honig und krabbeln wieder nach außen, um abgekühlten Bienen Platz zu machen. So ist die **Winterkugel** in ständiger Bewegung und wird in den kommenden Monaten Wabengasse für Wabengasse entlang wandern und die gesammelten Honigvorräte verzehren. Wenn Sie eine Windel unter den Gitterboden legen, können Sie an den dort in Streifen liegenden Wachskrümeln genau erkennen, wo sich Ihre Bienen gerade befinden.

Besuchen Sie Ihre Bienen

Auch wenn Sie mit Ihren Bienen und mit den Reparaturen eigentlich fertig sind, sollten Sie Ihre Bienen im November und Dezember alle zwei bis drei Wochen besuchen und schauen, ob alles in Ordnung ist.

- Hat ein Sturm einen Deckel weggerissen? Dann legen Sie in wieder auf und beschweren Sie alle Deckel mit Steinen.
- Schlägt ein Zweig gegen die Beuten? Dann schneiden Sie Ihre Beuten mit einer Rebschere wieder frei.
- Haben sich Tiere, zum Beispiel Krähen an Ihren Beuten zu schaffen gemacht? Für Abhilfe sorgt ein Gestell aus Holzlatten, das mit

einem Vogelnetz bespannt ist – ähnlich wie die Konstruktionen, die Ameisenhaufen im Wald schützen.

- Liegt Unrat am Stand, den Sie bisher nicht gesehen haben, weil er im wuchernden Grün versteckt war? Dann räumen Sie auf.
- Sie werden sehen: Auch wenn Sie „einfach nur so" Ihre Bienen besuchen, kaum sind Sie dort, finden Sie immer etwas zu tun.

Verwerten Sie Ihren Wachsvorrat

Während der Saison hat sich in Ihrer Imkerei viel Wachs angesammelt: Altwaben, Entdeckelungswachs, Wachs aus Wildbau und solches, das Sie den ganzen Sommer über aus dem Sonnenwachsschmelzer genommen haben. Dieses Wachs verarbeiten Sie nun weiter.

Schmelzen

Auf dem Land nutzen viele Imker einen alten **Waschkessel**, den Sie im Freien aufstellen oder in einem Wirtschaftsgebäude zum Beheizen an den Schornstein anschließen. Das geht in der Stadt nicht nur wegen der beengten Verhältnisse nicht so leicht. Selbst wenn Sie einen Platz im Freien für den Ofen haben, stören Sie Ihre Nachbarn durch den Qualm, der aus dem Schornstein des mit Holz oder Kohle befeuerten Waschkessels quillt.

Emissionsfrei und auch in einer Garage zu betreiben ist hingegen ein **Dampfwachsschmelzer**. Im Imkereifachhandel gibt es ganz einfache Geräte, die mit einem Dampfgenerator betrieben werden, wie Sie ihn auch zum Ablösen von Tapeten im Baumarkt kaufen können. Hinzu kommt ein einfacher Kessel aus Edelstahl oder Kunststoff mit einem Ausguss, aus dem das flüssige Wachs in einen konischen Eimer fließt.

Klären

Dieses Rohwachs klären Sie noch ein bis zweimal. Dazu setzen Sie einen großen Topf aus Edelstahl oder unbeschädigter Emaille mit

Tipp

So entfernen Sie die Wachsblüte

Echte Kerzen aus Bienenwachs erhalten nach einigen Monaten einen an Mehltau erinnernden, weißlichen Belag, die Wachsblüte. Glatte Kerzen können Sie mit einem Tuch weder glänzend reiben.

Für strukturierte Kerzen empfiehlt sich das Anblasen mit einem warmen Föhn. Die Wachsblüte verschwindet durch die Wärme und die Kerzen sehen wieder wie frisch gegossen aus.

etwas **Regenwasser** auf. So verflüssigen Sie das Wachs. Lassen Sie das Wasser-Wachs-Gemisch einmal kräftig durchkochen. Inzwischen haben Sie einen Baueimer vorbereitet über dessen Öffnung Sie als Filtermaterial das Gesäßteil einer Damenstrumpfhose gezogen haben. Das Ganze stellen Sie auf einen Packen altes Zeitungspapier oder eine Styroporplatte. Gießen Sie das Wachs-Wasser-Gemisch durch dieses feine Sieb. Nun stülpen Sie über den gefüllten Eimer eine oder zwei leere Zargen. Füllen Sie die Zwischenräume gut mit isolierendem Material wie Verpackungschips oder zerknülltem Papier aus. Das Ganze bedecken Sie mit einer Styroporplatte, die Sie im Baumarkt einzeln kaufen können. Solche Platten werden zur Fassadenisolation verwendet.

Nach drei bis vier Tagen ist das Wachs durchgehärtet. Stülpen Sie den Eimer um. Der **Wachsblock** fällt heraus. Mit der Ziehklinge eines Stockmeißels kratzen Sie den Boden des Blocks so lange ab, bis alle schmutzigen, grauen Wachsschichten abgetragen sind. Die unterste, grob-krümelige Schicht werfen Sie weg. Die dann folgenden abgekratzten Wachsspäne können Sie beim nächsten Mal wieder einschmelzen.

So fertigen Sie Kerzen an

Zwischen 1818 und 1830 wurden die Kerzenrohstoffe Paraffin und Stearin entdeckt. Aus ihnen bestehen fast alle heutigen Kerzen. Trotzdem gibt es einen kleinen Markt für echte Bienenwachskerzen. Sie sind auch ein beliebtes Geschenk für Honigkunden. Am einfachsten stellen Sie sie her, indem Sie ein Paket Mittelwände ins warme Zimmer legen und dann mit einem Docht in der passenden Größe zu einer Kerze aufwickeln. Diese Kerzen werden sehr gerne gekauft.

Tipp

Das zurückgewonnene und zu einem Block gegossene Wachs können Sie im Imkereifachhandel gegen frische Mittelwände in Ihrem Format umtauschen. Diese löten Sie dann wieder in die ausgeschmolzenen und neu gedrahteten Rähmchen ein.

Tipp

So finden Sie den richtigen Docht für jede Kerze

Nach einer Faustformel soll der Dochtdurchmesser ein Zehntel des Kerzendurchmessers betragen. Dies wird mit entsprechenden Nummern angegeben. Für Kerzen mit einem Durchmesser von 4 cm verwenden Sie einen Kerzendocht der Nummer 4. Für Kerzen mit 3,7 cm Durchmesser nehmen Sie ebenfalls Größe 4. Entscheiden Sie sich im Zweifel immer für die nächst höhere Größe. Achten Sie außerdem beim Kauf auf Flachdochte. Bei diesen ist es gleichgültig, in welcher Richtung sie in die Kerze eingegossen werden. Anders bei Runddochten. Hier müssen die Fäden des Dochtes in der fertigen Kerze ein V bilden, um das Wachs mit der Faser zur Flamme zu transportieren und gut zu verbrennen.

Bei gegossenen Kerzen ist die Herstellungsweise anders. Hier finden Sie im Imkereifachhandel eine breite Vielfalt unterschiedlichster **Gießformen** aus Silikon. Diese sind allerdings nicht ganz billig und oft auch vom Aussehen der fertigen Kerze her „hart" an der Grenze des guten Geschmacks. Am besten verkaufen sich klassisch geformte Kerzen ohne viel Schnickschnack.

Gießen

Wenn Sie Kerzen gießen möchten, tauschen Sie einen Teil Ihres Blockwachses nicht in Mittelwände sondern in Wachspellets um. So können Sie die Mengen grammgenau für die gewünschte Kerze abwiegen. Zum Schmelzen verwenden Sie am besten einen doppelwandigen Simmertopf aus Edelstahl, wie er zum schonenden Erwärmen zum Beispiel von Milch benutzt wird. Mit diesem Topf ist es unmöglich, Wachs zu überhitzen und Sie können es aus dem Topf direkt in die Formen gießen.

Runden Sie Ihr Programm mit Propolis ab

In den vergangenen Jahren hat Propolis enorm an Popularität in der Naturheilkunde gewonnen. Der Stoff gilt als nebenwirkungsfreies Antibiotikum und wird von der Erkältung bis zu offenen Beinen universell eingesetzt. Da Propolis aber keine Zulassung als Medikament hat und Sie wahrscheinlich auch kein Apotheker sind, darf es nicht als Medikament oder Heilmittel verkauft werden. Gegen die Abgabe für „kosmetische" Zwecke", „technische Zwecke" oder als „Nahrungsergänzungsmittel" spricht hingegen nichts.

Echte, aus Bienenwachs in Silikonformen gegossene Kerzen vom Imker sind besonders in der Vorweihnachtszeit beliebt.

In vier Schritten vom Rohpropolis zum verkaufsfähigen Produkt.

Schritt 1 – Kratzen Sie mit einem Messer die Oberträger und Hoffmann-Seitenteile von den Leer- und ausgeschleuderten Honigwaben ab. Hier deponieren die Bienen die meiste Propolis. In der kalten Jahreszeit ist Propolis spröde und löst sich leicht vom Holz.

Schritt 2 – Sammeln Sie immer jeweils 100 g der Propolis in 2- bis 3-Liter-Tiefkühlbeuteln. Kneten Sie keinesfalls einen Ballen, sondern gefrieren Sie das Sammelgut so wie es ist ein. Dann nehmen Sie einen Gummihammer und klopfen damit auf den Beutel. Zerschlagen Sie die Propolisstücke, bis Sie auf der Unterseite des Beutels eine dichte Schicht kleinster Partikel sehen.

Schritt 3 – Schütten Sie den Inhalt des Beutel in ein leeres Gurken- oder Kompottglas und gießen Sie 300 ml 96 %igen unvergällten Aethylalkohol darüber. Schütteln Sie die Mischung in den kommenden drei Wochen täglich auf. Bereits nach wenigen Tagen werden die dunkelbraunen Krümel gelb und der Alkohol färbt sich dunkelbraun. Das aus reinem Baumharz bestehende Propolis ist in Lösung gegangen.

Schritt 4: Nach vier Wochen gießen Sie die Propolislösung vorsichtig durch einen Kaffeefilter ab und füllen Sie in Tropfflaschen. Wo Sie Reinen Alkohol und die Tropfflaschen erhalten finden Sie auf Seite 171.

Dezember – der Verkaufsmonat

Stadthonig ist begehrt, weil er so selten ist. Sie brauchen also garnicht erst nach Honigkunden Ausschau zu halten, denn diese kommen häufig von selbst.

Wer wie die meisten Stadtimker rund fünf Völker hat, verzehrt den größten Teil seines Honig nicht mehr allein. Er verkauft ihn an Arbeitskollegen, Nachbarn, Freunde und Bekannte und einen Teil verschenkt er auch. Doch da die Imkerei kein preiswertes Hobby ist, nutzen viele Imker auch den Verkauf Ihres süßen Produkts als Einnahmequelle. Besonders bietet sich dazu die Vorweihnachtszeit für Sie an. Mehr zum Thema Honigverkauf erfahren Sie ab Seite 93.

Ernten Sie natürlichen Honig bester Qualität

Ihre Bienen sammeln den reinsten und besten Honig, der vorstellbar ist. Bewahren Sie diesen Schatz, indem Sie mit dem edlen Produkt sensibel und sorgsam umgehen. Dann wird aus Bienenhonig Qualitätshonig. In diesem Kapitel erfahren Sie alles, was Sie dafür wissen müssen.

Wie Ihr Honig zum Qualitätshonig wird

Die Trachtzeit, zum Beispiel die Robinien- oder die Lindeblüte, ist vorbei. Meist gibt es dann einige Tage, in denen es nicht viel für die Bienen zu sammeln gibt. Wenn es kühl ist und regnet, umso besser! Zwar sieht es so aus, als hätten Ihre Bienen nichts zu tun, doch dies täuscht. Sie sind emsig damit beschäftigt, den eingetragenen Nektar durch Weitergabe von Biene zu Biene und durch das Umtragen vom Brut- in den Honigraum in ein edles Spitzenprodukt zu verwandeln. Jetzt ist der richtige Zeitpunkt für die Ernte gekommen. Mit etwas Sorgfalt gelingt es auch Anfängern, diese Qualität zu erhalten und einen hochwertigen Stadthonig ins Glas und damit auf den Frühstückstisch zu bringen.

Ist der Honig schon reif? 50 Prozent der Wabe sollten bei der Ernte verdeckelt sein.

Bildet der Honig Trepp-
chen, wenn er aus der
Schleuder fließt, ist das
ein Zeichen für gute
Qualität.

Prüfen Sie den Honig auf Reife

In der Hektik der Volltracht haben Ihre Bienen den Honig da abgela-
gert, wo gerade Platz dafür war. Nun schaffen Ihre Bienen Ordnung.
Nachdem Sie Ihnen diese Zeit gegeben haben, prüfen Sie, ob der
Honig schon schleuderfähig, das heißt **reif** ist. Unreifer Honig enthält
noch zu viel Wasser. Er kann leicht in Gärung übergehen. Ein weit
verbreiteter Irrtum besagt, kandierter Honig könne nicht gären. Zwar
verzögert ein hoher **Wassergehalt** die Kristallisation, doch besonders
Frühtrachthonige kippen teilweise bereits bei 18,5 % Wassergehalt
um.

Am einfachsten kontrollieren Sie den Wassergehalt mit einem
sogenannten **Refraktometer**. Damit wird auch im Weinbau oder bei
Obstsaft der Zuckergehalt bestimmt. Dieses Gerät erhalten Sie bereits
für unter 100,– Euro im Fachhandel. Für die Hälfte des Preises
bekommen Sie ein etwas umständlicher zu handhabendes **Aräometer**,
mit dem Sie den Wassergehalt allerdings nur in bereits geschleudertem Honig feststellen können. Wenn Sie auf der Skala dieser Geräte
einen Wassergehalt von weniger als 18 % ablesen, bei Heidehonig
unter 21 %, dann ist alles im grünen Bereich – Sie haben Qualitätshonig in den Waben. Die **Honigverordnung** erlaubt für minderwertigen
Speisehonig sogar 20 % (Heide 23 %) Wassergehalt.

Woran Sie reifen Honig erkennen

Falls Sie kein Refraktometer besitzen, können Sie auch auf die folgenden, bewährten Regeln zurückgreifen. Treffen mehrere davon zu, können Sie davon ausgehen, dass Ihr Honig die Anforderungen für Qualitätshonig erfüllt.

- Machen Sie die Stoßprobe. Dazu entnehmen Sie eine Honigwabe und halten sie mit beiden Händen schräg nach unten. Stoßen Sie die Wabe von sich weg, so als wollten Sie den Honig herausschleudern. Spritzt frischer Honig aus den Waben, belassen Sie die Honigwaben im Bienenvolk und warten besser noch mit dem Schleudern.
- Begutachten Sie, wie weit die Waben verdeckelt sind. Haben die Bienen mehr als die Hälfte bis zwei Drittel der Zellen der Honigwabe mit einem Wachsdeckel verschlossen, spricht dies für die nötige Reife des Honigs.
- Beobachten Sie, wie der Honig aus der Schleuder läuft. Legt er sich wie fließender Stoff in Bahnen übereinander, sagt der Imker, er bildet „Treppchen". Auch dies spricht für einen niedrigen Wassergehalt.

Diese Regeln sind nur Anzeichen, dass der Honig reif sein könnte. Denn vor allem bei Massentrachten kommt es immer wieder vor, dass Bienen die Waben mit einem Wachsdeckel verschließen, obwohl der Honig darunter 22 und mehr Prozent Wasser enthält. Andererseits fließt Robinienhonig selbst dann noch wie Öl durchs Sieb, wenn er unter 18 % Wasser enthält. Sicherheit gibt Ihnen nur eine Messung. Im Endeffekt ist es immer besser, einen reifen gemischten Honig zu ernten als einen unreifen Sortenhonig.

Sieben Tipps, wie Sie nassen Honig doch noch retten können
Bei rund 10 % bis 15 % der im Rahmen von Honigmarktkontrollen untersuchten Honige fällt ein zu hoher Wassergehalt auf. Das muss nicht sein, denn es gibt Möglichkeiten, solchen Honig zu retten. Am einfachsten geht dies vor dem Schleudern. Einem bereits ausgeschleuderten Honig überschüssiges Wasser zu entziehen, ist ungleich schwerer. Außerdem ist es nicht zulässig. Nach der **Honigverordnung** darf dem geschleuderten Honig kein Bestandteil mehr entzogen werden. Trotzdem haben findige Imker zahlreiche Wege gefunden, dem Honig doch noch die richtige Reife zu geben.

- Warten Sie mit dem Schleudern bis der Honig von den Bienen getrocknet wurde. Verzichten Sie lieber auf einen Sortenhonig als dass Sie das Risiko des Verderbens eingehen.

Die Bienen waren fleißig. Dieser erntereife Honigraum enthält 20 kg Honig.

- Mischen Sie den zu feuchten Honig mit einem trockenen Honig und senken Sie so den Gesamtwassergehalt.
- Verfüttern Sie den Honig sofort nach Trachtende im Juli an Ihre Bienen und ernten Sie den Honig anschließend noch einmal.
- Entziehen Sie dem Honig Wasser nach der Liebig-Methode. Dazu stapeln Sie die Honigzargen kreuzweise übereinander, sodass an alle Waben trockene Luft kommt. Stellen Sie einen Bautrockner in den Raum. Ein Klimagerät aus dem Baumarkt ist zu schwach, um die Luftfeuchtigkeit entsprechend zu senken. Sie muss auf 30 % heruntergebracht werden, damit der Honig rasch geschleudert werden kann. Handelt es sich um einen nicht speziell gegen Feuchtigkeit isolierten Raum, strömt ständig feuchte Luft durch Wände und Decken nach. Dagegen muss der Bautrockner anarbeiten. Am besten Sie mieten sich hierzu ein leistungsstarkes Gerät bei einem Maschinenverleih.
- Lassen Sie den Honig durch ein Melitherm-Gerät fließen und legen Sie zwischen Melitherm und Kübel den zu dem Gerät angebotenen Distanzring aus Lochblech. Je langsamer der Honig durch das Gerät fließt, desto besser wirkt die Methode. Sie senken den Wassergehalt so um bis zu 1 %. Der Vorgang kann mehrfach wiederholt werden, ohne dass der Honig einen nennenswerten Wärmeschaden erleidet.
- Stellen Sie den Eimer mit dem zu feuchten Honig in einen Wärmeschrank bei 35 °C. Legen Sie über den offenen Honigeimer ein

Gitter. Stellen Sie darauf ein mit Granulat oder einer entsprechenden Tablette gefüllten Luftentfeuchter. Rühren Sie den Honig mindestes zweimal täglich um, da immer nur die oberste Schicht abtrocknet.

- Nutzen Sie den zu feuchten Honig als Bienenfutter oder arbeiten Sie ihn in Honigwein um. Dazu brauchen Sie jedoch etwas Erfahrung.

Honig ernten ohne Bienenattacken

Der beste Zeitpunkt für die Honigernte passt auch perfekt zu Ihrer Tagesplanung. Es sind die Abendstunden.

Ziehen Sie Ihre **Schutzbekleidung** an, legen Sie sich Bienenbesen und **Stockmeißel** zurecht und zünden Sie zuletzt den **Smoker** an. Am besten verwenden Sie dazu etwas klein gerissenen Eierkarton. Sobald dieser gut brennt, streuen Sie Räuchermaterial darüber. Wenn der Rauch wohlriechend sein soll, können Sie dazu getrockneten **Rainfarn** oder **Imkertabak** aus dem Imkereifachhandel verwenden. Ansonsten erfüllen auch Hobelspäne oder Kleintierstreu aus dem Supermarkt den gleichen Zweck.

Um ungestört arbeiten zu können, geben Sie einen kleinen Rauchstoß in den Honigraum. Nicht zu viel, sonst könnte Asche aus dem Smoker in den Honigraum gelangen. Mit dem Stockmeißel lockern Sie die verkitteten Rähmchen und ziehen diese nach und nach heraus. Fassen Sie die Rähmchen an den Ohren an und fegen Sie mit dem Besen die Bienen rasch über die Beute hinweg vor das Flugloch.

Sollte Ihnen das **Abkehren** direkt vor das Flugloch nicht gelingen, können Sie die Bienen auch in einen leeren Hobbock fegen. Ein Rauchstoß treibt die Bienen nach unten und Sie können den Deckel wieder auflegen. Die im Hobbock gesammelten Bienen können Sie nach Abschluss der Arbeit an dem Volk zurück in die Beute kippen, aber sie eignen sich auch sehr gut zur Bildung von Kunstschwärmen (siehe ab Seite 143).

Nach der Sommersonnenwende oder in Trachtlücken versuchen sich die Bienen den gerade geernteten Honig durch sogenannte Räuberei zurückzuholen. Diese verhindern Sie, indem Sie die leere Zarge in einen umgedrehten Blechdeckel stellen und sie von oben mit einer Platte oder einem weiteren Deckel verschließen. Heben Sie die Abdeckung immer nur dann, wenn Sie eine weitere Wabe einhängen. So können Sie weitgehend ungestört arbeiten.

Für die entnommenen Waben im Honigraum geben Sie den Bienen umgehend leere Waben zurück. Denn merken Ihre Bienen, wie beengt Sie ohne Honigraum in Ihrer Wohnung zusammengepfercht sind, kommen Sie schnell in Schwarmstimmung. Dies verhindern Sie nur, wenn Sie erst gar keine **Platznot** aufkommen lassen: allerspätestens am Folgetag brauchen Ihre Bienen die Leerwaben.

Hängen Sie die entnommenen und abgefegten Waben in eine leere Zarge, die Sie dann zum Schleudern transportieren. Falls Ihnen eine Zarge voller honiggefüllter Waben zu schwer ist, füllen Sie die Zarge mit weniger Waben – doch Vorsicht! Rutschen die Rähmchen, können Sie aus der Zarge herausfallen.

Eine weitere Möglichkeit zur Vereinfachung der Ernte sind die im Imkereifachhandel erhältlichen **Bienenfluchten**. Sie bestehen aus einem Zwischenboden und einer Art Reuse. Sie werden abends zwischen Brut- und Honigraum eingelegt. Frühestens am kommenden Morgen kann der Honigraum dann abgenommen werden. Er sollte dann weitgehend bienenfrei sein. Leider funktioniert das nicht immer. Außerdem müssen Sie zum Einlegen und Ernten zweimal zu Ihren Bienen, die Bienenfluchten sind sperrig und nehmen Platz weg. Mit einem Besen arbeiten Sie in der Regel flinker und viel gründlicher!

Entdeckeln und schleudern

Haben Sie Ihren Völkern viele, wenig verdeckelte Waben entnommen, kommt es darauf an, dass Sie schnell mit dem Schleudern beginnen. Nicht verdeckelter Honig nimmt Wasser aus der Luft auf und kann dann in Gärung übergehen. Am besten Sie schleudern den Honig, solange er etwas von der Wärme des Stocks gespeichert hat. Aber auch kalter Honig – abgesehen von Heidehonig – lässt sich noch gut schleudern. So gehen Sie Schritt-für-Schritt vor:

Schritt 1 – Bereiten Sie Ihren Arbeitsplatz vor

Dazu stellen Sie Ihr **Entdeckelungsgeschirr** auf eine abwischbare Arbeitsplatte. Es besteht aus einer Wanne mit einem Einsatz aus

Zum Abfegen der Bienen werden von manchen Imkern Gänsefedern oder Flügelteile mit mehreren Federn benutzt. Verzichten Sie darauf, denn Teile von toten Tieren sind unhygienisch! Verwenden Sie einen Besen.

Schneller geputzt dank Zeitungspapier

Mit Honig bekleckerte Arbeitsplatten müssen mehrfach gewischt werden, um ihn restlos zu entfernen. Erleichtern Sie sich diese Arbeit, indem Sie die Arbeitsfläche mit Zeitungspapier auslegen. Nach dem Honigschleudern können Sie das Papier einfach wegwerfen.

Lochblech und einer Ablage aus gebogenen Stahlbügeln, auf der Sie wie auf einem Lesepult die zu entdeckelnden Waben ablegen können.

Entscheiden Sie sich beim Kauf für eine Entdeckelungswanne mit etwa 50 cm Länge und 40 cm Breite. Solche können Sie nachher einfach in Ihre Spülmaschine stellen. Längere Wannen von rund 60 cm müssen Sie umständlich von Hand spülen.

An Werkzeugen brauchen Sie nun noch eine **Entdeckelungsgabel**. Im Handel gibt es dazu eine große Auswahl. Wählen Sie eine Gabel mit geschwungenen Zinken. Dadurch haben Sie einen besseren Hebel und arbeiten so leichter als mit einer Gabel mit geraden Zinken. Greifen Sie aus Hygienegründen zu einem Exemplar mit einem Griff aus Kunststoff. In der Regel erweist die Arbeit mit den etwas teueren Gabeln (etwa 16,– €) als etwas einfacher im Vergleich zu den Billigexemplaren (etwa 7,– €).

Legen Sie sich ein Messer und einen Stockmeißel zurecht. Zum Schluss ziehen Sie ein Hemd mit langen Ärmeln oder einen Arbeitskittel an, binden sich eine Schürze um und setzen eine Kappe auf.

Schritt 2 – Entdeckeln Sie die Waben

Bevor Sie die Wabe auf das Entdeckelungsgeschirr legen, kratzen Sie eventuell vorhandenes Brückenwachs an der Oberseite der Träger mit dem Messer ab. An den Hoffmann-Seitenteilen der Rähmchen finden Sie das Bienenkittharz Propolis. Dieses schneiden Sie mit dem Messer vorsichtig ab und streifen es in ein kleines Eimerchen. **Propolis** ist sehr begehrt – sofern Sie keine fettlöslichen Bienenarzneien wie beispielsweise Perizin in Ihrer Imkerei verwenden!

Legen Sie nun die vollen Honigwaben auf das Entdeckelungsgeschirr. Setzen Sie die Gabel unten an der Wabe an und schieben oder zupfen Sie die Deckel möglichst flach ab. Das sich auf der Gabel sammelnde Wachs streifen Sie am Rand der Entdeckelungswanne oder am Auflagebügel für die Waben ab. Ist die erste Seite entdeckelungswachsfrei, wenden Sie die Waben und wiederholen das Ganze auf der Rückseite. Die entdeckelten Waben stellen Sie in die Schleuder.

Auf diese Weise werden alle Honige außer **Heidehonig** zum Schleudern vorbereitet. Dieser wird nach dem **Entdeckeln** zusätzlich

gestippt, da er geleeartig ist sich sonst nicht aus den Waben löst.
Am besten bewältigen Sie diese Aufgabe mit einer, an eine Farbwalze
erinnerndes Gerät. Statt des Flors hat diese Walze kleine Dornen aus
Kunststoff, die genau in das Zellgefüge der Waben passen. Die Walze
wird mehrmals über die entdeckelten Waben gerollt. Sie ist leicht zu
reinigen, braucht kaum Platz und ist gegenüber Honiglösemaschinen,
die ab 1.500 € kosten, konkurrenzlos preiswert.

Das gesammelte **Entdeckelungswachs** lassen Sie in der Wanne
über Nacht stehen, sodass es abtropfen kann. Am kommenden Morgen ist das Wachs fast trocken und kann eingeschmolzen werden.

Schritt 3 – Schleudern Sie Ihren Honig

Eine Honigschleuder ist eine Zentrifuge und arbeitet wie eine
Wäscheschleuder. Sie nutzt die durch die Drehbewegung des Korbes
entstehende Zentrifugalkraft, um den Honig aus der Wabe zu schleudern. Dies ist die gängigste Art, Wabe und Honig zu trennen und die
einzige Möglichkeit, den Wabenbau nicht zu zerstören.

Stellen Sie unter den offenen Auslaufhahn der **Schleuder** einen
Eimer oder Kübel mit einem aufgesetzten Doppelsieb. Beladen Sie
die Schleuder gleichmäßig, sodass sich immer gleich schwere Waben
im Korb gegenüberstehen. Ungleich beladene Schleudern beginnen
zu schlingern und zu wandern. Außerdem bleibt mehr Honig in den
Waben zurück als bei einer ausbalancierten Last, bei der die Zentrifuge gleichmäßig läuft.

Setzen Sie die Schleuder mit Gefühl in Gang und steigern Sie die
Geschwindigkeit der Drehbewegung nach und nach. Je nach Modell
müssen Sie den Vorgang mehrfach unterbrechen, um die Waben zu

Denken Sie großzügig

Im Imkereifachhandel erhalten Sie vom Netzbeutel, den Sie mit Entdeckelungswachs füllen und dann ausschleudern können (etwa 12 €) bis zum Entdeckelungswachs-schmelzer (ab etwa 450 €) eine Fülle von Geräten, die Ihnen helfen, auch den vermeintlich letzten Tropfen Honig aus Ihrem Entdeckelungs-wachs heraus zu holen.
Doch bedenken Sie: Für jedes Gramm Honig, das Sie so noch gewinnen, steigen durch Investition in derlei Hilfen die Kosten überproportional. Sparen Sie sich das Geld! Brauchen Sie wirklich mehr Honig, dann stellen Sie sich besser ein weiteres Volk in den Garten oder aufs Dach. Falls Sie Ihren Honig verkaufen, können Sie den Preis um 10 Cent pro Glas anheben. Dann sind Sie auch nicht auf die Honigreste aus dem Entdeckelungswachs angewiesen.

Tipp

Vermeiden Sie Wabenbruchstücke in der Schleuder. Sie sind ein Ärgernis. Sie verstopfen den Auslauf und müssen mit ausgestrecktem Arm aus dem Honigbad gefischt werden. Wenn Sie mit Ihrem Hemd den Kesselrand berühren, haben Sie später nicht nur klebrige Kleidung sondern möglicherweise auch Fusseln im Honig. Daher gilt: Schleudern Sie nicht mit Kraft sondern mit Augenmaß!

Drei Waben lassen sich in dieser flache Radschleuder ausschleudern. Sie hängt platzsparend an der Wand und schmückt jede Küche.

wenden. Sie drohen sonst zu brechen. Am geringsten ist diese Gefahr, wenn Sie bereits bebrütete Waben nutzen. Jungfern- und wild gebaute Waben in ungedrahteten Rähmchen zerbrechen am leichtesten.

Lassen Sie den Honig aus der Schleuder fließen und beobachten Sie, wie das Fließbild aussieht. Bildet er „Treppchen", ist die Wahrscheinlichkeit hoch, dass der Wassergehalt in Ordnung ist.

Welches ist die richtige Schleuder für Sie?

Im Handel gibt es eine schier unüberschaubare Menge unterschiedlicher Schleudern. Da viele Imker technikbegeisterte Männer sind, neigen sie zu überdimensionierten Modellen mit vielen Finessen. Sie leisten sich teure Schleudern, die sie eigentlich nicht brauchen. Machen Sie sich also bewusst, wie viel Platz Sie haben, was Sie wirklich benötigen und entscheiden Sie sich dann für eine dieser Schleudertypen:

- Bei den **Radialschleudern** stehen die Waben wie die Speichen eines Rades im Korb. Sie fassen je nach Bauart zehn und mehr Waben und kommen daher vor allem für größere Imkereien in Frage. Damit die Radialkräfte wirken können, braucht eine solche Schleuder einen großen Kesseldurchmesser von mindestens 80 cm. Radialschleudern sind ausgesprochen sperrig und für eine Stadtimkerei mit ihren räumlichen Beschränkungen wenig geeignet.
- **Tangentialschleudern** sind vor allem unter Kleinimkern weit verbreitet. Darin stehen die Waben tangential in einem Schleuderkorb. Die kleinsten Schleudern haben einen Durchmesser von nur 50 cm und fassen drei Waben. Flexibler sind Sie aber mit einer 4-Waben-Schleuder. In ihr können Sie auch nur zwei Waben ausschleudern, ohne dass die Schleuder unwuchtig läuft. Tangentialschleudern haben den Nachteil, dass Sie den Schleudervorgang mehrfach unterbrechen müssen. Zunächst schleudern Sie eine Seite zu einem Drittel aus und wenden die Waben. Danach schleudern Sie die Rückseite ganz aus und wenden die Waben erneut. Nun schleudern Sie die erste Seite leer.
- Mit einer **Selbstwendeschleuder** können Sie diesen Vorgang beschleunigen. Bei ihr werden die Waben in Wabentaschen gehängt, die beim Richtungswechsel des Schleuderkorbs umklappen und nicht von Hand gewendet werden müssen.
- **Radschleudern** wurden speziell für die extrem beengten Verhältnisse in Bienenwanderwagen entwickelt. Dabei handelt es sich um nichts anderes als eine vertikale, also hochkant gestellte Radialschleuder. Diese Schleudern sind für zwölf bis 21 Waben ausgelegt, extrem platzsparend, technisch einfach konstruiert und lassen sich sehr leicht reinigen. Allerdings müssen diese Schleudern

Vorsicht

Finger weg von „Dachboden-" oder „Kellerfunden" auf Ebay oder anderen Gebrauchtwarenvermittlungen! Solche betagten Weißblech- oder Aluminiumschleudern entsprechen nicht den lebensmittelrechtlichen Vorgaben. Weißblechschleudern mussten zudem mit Farbe gestrichen sein, da Honig das Blech sofort angreift. Die Farbe kann abblättern und landet dann im Honig. Also: Solche Schleudern sind für den Schrotthändler eine Freude, nicht aber für Sie und Ihre Kunden!

am Boden angeschraubt werden, da Sie sonst beim Betrieb leicht ins Wandern kommen. Radschleudern erhalten Sie nur von der Imkerzentrale Görlitz (siehe Service, Seite 171).

- Die **Mini-Radschleuder** stammt ebenfalls aus der Werkstatt der Imkerzentrale Görlitz. Sie nimmt drei Waben auf, die innerhalb von vier Minuten ausgeschleudert sind. Sie hat kein sperriges Untergestell, sondern wird an die Wand gehängt.
Die ausgesprochen durchdachte, leicht mit der Brause aus dem Ausgussbecken zu reinigende Konstruktion ist ein echter Hingucker mit den ästhetischen Qualitäten einer Raumskulptur. Sie kann bedenkenlos auch außerhalb der Saison in der Küche hängen bleiben und stiehlt dabei jedem 1000-Euro-Kaffeeautomaten die Schau.
- Der „**Worldextractor**" des dänischen Herstellers Swienty (siehe Service, Seite 171) ist die platzsparendste Schleuder auf dem Markt. Dieses ursprünglich für Entwicklungsländer entwickelte Gerät arbeitet nach dem Radialprinzip und ist lediglich 30 cm hoch. Sie wird auf einen normalen Tisch gestellt und kommt daher ohne eigenen Unterbau aus.
Sie ist sehr solide verarbeitet, lässt sich einfach in der Dusche reinigen und passt nach getaner Arbeit auf jeden Schrank. So können Sie sie selbst in einer Stadtwohnung oder im Kellerverschlag eines Mietshauses gut verstauen. Mit ihr können parallel drei Rähmchen jedes Formats und sogar Wildbau geschleudert werden.
- Die **Schleuder des Kollegen**: Warum immer alles selbst kaufen, wenn der Imkerkollege um die Ecke schon eine Schleuder hat? Da eine Schleuder im Jahr nur wenige Tage und Stunden im Gebrauch ist, steht sie die meiste Zeit ungenutzt herum. Sprechen Sie einen Imkerkollegen aus dem Verein oder in Ihrer Nachbarschaft an, ob Sie mit Ihren Waben bei ihm vorbeischauen und schleudern dürfen.

So gewinnen Sie einen sauberen Honig

Nach dem Schleudern des Honigs steht das Sieben an. Dabei werden alle festen, sichtbaren Bestandteile aus dem Honig herausgefiltert. Dazu passiert der Honig zunächst das Doppelsieb. Je nach Honigsorte verstopfen die **Siebe** mit Wachs nach rund 20 kg geschleudertem Honig. Mit einem einfachen Teigschaber können Sie die Siebe reinigen und sofort weiterbenutzen. Dieses Wachs aus dem Sieb lassen Sie am einfachsten in der Wanne des Entdeckelungsgeschirrs abtropfen. Rationeller arbeiten Sie, wenn Sie zwei Siebsätze im Wechsel benutzen. Dann kann das verstopfte Sieb noch in Ruhe abtropfen, während Sie bereits mit dem zweiten Satz Ihre Arbeit fortsetzen.

Danach kippen Sie den grob gesiebten Honig in ein Spitzsieb. Dieses steht auf einem dreibeinigen Stativ über einem leeren Abfüllkübel, Honigeimer oder Hobbock. Lassen Sie den Honig durch das Sieb laufen. Nehmen Sie das Sieb ab und verschließen Sie das Gefäß. So kann es nun ein bis zwei Tage unberührt stehen bleiben. In dieser Zeit sammeln sich feinste Wachsteilchen als Schaum an der Oberfläche des Honigs. Mit einem Teigschaber nehmen Sie den Schaum ab und sammeln ihn. Sie können ihn wieder an Ihre Bienen verfüttern oder zum Beispiel zum Backen von **Honigkuchen** verwenden. Der gesäuberte, flüssige Honig ist nun bereit zum Abfüllen in Gläser.

Sauberen Honig gewinnen Sie, indem Sie ihn sofort nach dem Schleudern durch mehrere Siebe laufen lassen.

Tipp

Nach schnell kandierenden Honigen wie Rapshonig sollten Sie die Schleuder umgehend reinigen, da der Honig in den Fugen Ihrer Schleuder kristallisiert und sich dann nur mit viel heißem Wasser wieder auswaschen lässt.

Die ausgeschleuderten Waben können Sie den Bienen zurückgeben. Sie werden staunen, in welcher Geschwindigkeit Ihre Insekten selbst übel zugerichtete Waben perfekt rekonstruieren. Schmelzen Sie alle Waben mit Löchern und solche, die zerbrochen oder sehr dunkel sind, ein. Waben, die Sie für die laufende Saison nicht mehr benötigen, lagern Sie unter den richtigen Bedingungen bis zum kommenden Frühjahr (siehe Seite 115).

Wählen Sie ein großes, flaches Sieb

Die meisten Honigsiebe aus dem Fachhandel sind unpraktisch. Mit Bügeln auf jeder Seite werden Sie auf dem Unterstellkübel befestigt. Wegen ihres **kleinen Durchmessers** verstopfen sie sehr schnell. Außerdem darf sich die Schleuder nicht bewegen, damit der Honig nicht neben statt in das Sieb läuft. Auch **Kunststoffsiebe** sind ungeeignet, sie hängen tief durch und schon, wenn der Eimer erst zu zwei Dritteln voll ist, schwimmt das Sieb im Honig und ist damit unbrauchbar.

Am besten eignen sich **Edelstahlsiebe** mit einem Durchmesser von 30,5 cm. Sie passen exakt auf die genormten 20 kg-Eimer, alle gängigen Unterstellkannen und Abfüllkübel. Durch ihren flachen Boden lassen sie sich mit einem Teigschaber leicht wieder durchlässig machen.

Reinigen Sie alle Geräte

Siebe bekommen Sie am besten in einem Becken mit **lauwarmem Wasser** wieder sauber. Die Wachsteile lösen sich und schwimmen an die Wasseroberfläche. Verwenden Sie keinesfalls heißes Wasser, denn dann verschmieren die **Wachsreste** die Maschen des Siebes und verschließen sie. Geschieht es dennoch, lassen sie sich mit einem Heißluftföhn und einem saugfähigen Tuch wieder öffnen.

Alle Geräte reinigen Sie am einfachsten in der Spülmaschine. Werden Sie in den kommenden Tagen erneut schleudern, genügt es, den Hahn der Schleuder fest zu verschließen und das Herzstück Ihrer Honiggewinnung mit einer Folie sauber abdecken.

Zur Reinigung der Schleuder schließen Sie den Hahn, entnehmen den Korb und waschen die Innenseite des Kessels mit einem nassen Lappen ab. Verwenden Sie warmes Wasser. Spülmittel ist nicht nötig. Der Korb lässt sich leicht mit der Brause in einer Duschwanne saubermachen. Mit einer Bürste geht es noch schneller.

Dann lassen Sie alles an der Luft trocknen. Schmieren Sie das **Kugellager**, in das Sie den Korb in Ihre Schleuder setzen, mit einigen Tropfen Salatöl und bauen Sie alles wieder zusammen. Nur die Außenseite der Schleuder dürfen Sie mit einem Trockentuch polieren. Auf der Innenseite könnten Fusseln zurückbleiben.

Sichern Sie durch Hygiene Ihre Honigqualität

Die Bienen liefern zwar von Natur aus ein hygienisch einwandfreies Produkt, trotzdem finden die Honiglabore teilweise in den untersuchten Proben Fremdkörper wie Kleiderfussel, Haare, Metall- oder Glassplitter, Rost- und Farbspuren. Diese Mängel deuten auf eine fehlerhafte Hygienepraxis hin. Dabei ist es auch in einer Freizeitimkerei nicht schwer, einen hygienisch einwandfreien Honig zu produzieren. Sie brauchen dazu keinen eigenen Schleuderraum wie ihn Nebenerwerbs- und Berufsimker vorweisen müssen. Nutzen Sie einfach das von der Lebensmittelhygiene vorgeschriebene HACCP-Konzept. Damit schalten Sie in fünf Schritten mögliche Hygienegefahren bereits im Vorfeld aus. HACCP ist die englische Abkürzung für **H**azard **A**nalysis **C**ritical **C**ontroll **P**oint. Dies bedeutet nichts anderes als eine vorausschauende Gefahrenuntersuchung.

Schritt 1 – Analysieren Sie den Weg des Honigs
Überlegen Sie sich, welchen Weg der Honig von der Ernte bis ins Glas durchläuft. Fragen Sie sich, welche Gefahren für die Hygiene hier lauern. So kann zum Beispiel Sand und Erde in den Honig kommen, wenn Sie eine volle Honigzarge ins Gras stellen. Oder Sie können in einer engen Kammer mit einer vollen Honigzarge gegen eine Lampe stoßen. Zerbricht diese dabei, gelangen unter Umständen feinste Glassplitter in den Honig.

Schritt 2 – Erkennen Sie Gefahrenquellen
Im ersten Schritt haben Sie analysiert, an welchen Stellen im Produktionsprozess Gefahren lauern. Unabhängig davon überlegen Sie sich nun, welche Rückstände im Honig denkbar sind. In der Regel lassen sich physikalische, chemische und biologische Gefahren unterscheiden.
Physikalische Gefahren sind unter anderem
* Metallsplitter, zum Beispiel Abrieb aus dem Bohrfutter des Honigrührers, Lackteilchen und Rost aus der Schleuder, Kunststoff von der Dichtung des Quetschhahns des Abfüllkübels,
* Glassplitter, zum Beispiel von schadhaften Honiggläsern, zerbrochenen Leuchtröhren,
* Fremdkörper, Fussel, Haare, Insekten- und Spinnenteile.

Chemische Gefahren sind zum Beispiel
* Rückstände aus Spül- und Reinigungsmitteln,
* Rückstände von Arznei- und Behandlungsmitteln.

Biologische Gefahren sind zum Beispiel
* Bakterien,
* Schimmelpilze.

Schritt 3 – Wägen Sie das Gefährdungspotenzial ab

Überlegen Sie sich nun, an welchen Punkten Ihres Produktionsprozesses die beschriebenen Gefahren lauern. An welcher Stelle könnten zum Beispiel Schimmelpilze Ihren Honig verunreinigen? Wo besteht die Gefahr, dass Glassplitter in den Honig kommen? Wägen Sie ab, wo die größten Gefahren lauern und verhindern Sie diese als erstes.

Schritt 4 – Ergreifen Sie Gegenmaßnahmen

Als Imker sind Sie für eine gute Hygienepraxis verantwortlich. Leider werden wir oft „betriebsblind" und erkennen mögliche Gefahrenquellen nicht, die einer guten Hygienepraxis entgegenstehen. Doch mit den folgenden Maßnahmen sichern Sie sich einen hohen Hygienestandard.

- Nutzen Sie einen geeigneten, leicht zu reinigenden Raum, zum Beispiel eine Küche, einen Wirtschaftsraum, ein ungenutztes Gästebad oder eine Waschküche. Arbeiten Sie nicht in einem Arbeitszimmer, Wohnraum oder Büro mit Teppich und Büchern. Auch ein Schuppen, feuchter Keller oder ein Zelt sind ungeeignet.
- Wenn Sie in Ihrer Küche imkerlich arbeiten, sind andere Arbeiten tabu, das heißt es darf darin nicht gleichzeitig gekocht werden.
- Prüfen Sie, ob die Wände und die Decke einwandfrei sind, das heißt frei von abblätternder Farbe, Staub und Spinnweben.
- Räumen Sie alle Einrichtungsgestände aus dem Raum, die Sie für die Honigverarbeitung nicht brauchen, zum Beispiel die Blumentöpfe mit den Küchenkräutern, das Katzenklo, den Käfig mit dem Wellensittich, die Nippesfiguren auf der Mikrowelle, die Haarbürste von der Ablage und so weiter.
- Entfernen Sie alle stark riechenden Mittel wie Waschmittel oder Duftspender aus dem Raum.
- Reinigen Sie den Raum und den Boden gründlich.
- Schließen Sie die Fenster, damit sich hungrige Bienen vom Bienenstand nicht den Honig wieder zurückholen oder geöffnete Honiggefäße verunreinigen.
- Achten Sie darauf, dass alle Oberflächen, mit denen der Honig in Berührung kommt, lebensmittelecht sind. Nutzen Sie daher nur Geräte aus Edelstahl oder Kunststoff.
- Kaufen Sie sich keine alte Schleuder aus Weißblech oder Aluminium. Achten Sie auf einen einwandfreien Schleuderkorb, an dem Sie sich nicht verletzen können. So vermeiden Sie Blut im Honig.
- Prüfen Sie, ob es an scherenden Teilen, zum Beispiel durch zu eng angezogene Schrauben am Quetschhahn zu einem unerwünschten Abrieb kommen kann.

- Achten Sie darauf, dass die Leuchten, denen Sie mit Geräten wie einer Rührspirale nahe kommen, einen Splitterschutz haben.
- Reinigen Sie alle Geräte und Lagerbehälter nach Gebrauch mit warmem Wasser. Decken Sie Ihre Schleuder mit Folie ab, damit sie nicht verstaubt.
- Tragen Sie bei der Honigverarbeitung saubere, fusselarme Kleidung. Pullover aus Wolle sind daher tabu. Am besten tragen Sie einen weißen Arbeitskittel aus dem Berufsbekleidungsgeschäft. Binden Sie sich eine saubere Schürze um.
- Kleben Sie Hautverletzungen mit einem wasserfesten Pflaster ab.
- Tragen Sie eine nicht fusselnde Kopfbedeckung.
- Arbeiten Sie mit frisch gewaschenen Händen und trocknen Sie diese mit Papierhandtüchern ab.
- Spülen Sie alle Gläser und Deckel in der Spülmaschine bei mindestens 65 °C, selbst dann, wenn Sie sauber aussehen und frisch aus dem Karton kommen. Waschen Sie dabei ausschließlich Gläser und Deckel und nicht noch die Teller vom Frühstück oder die Töpfe vom Mittagessen mit.
- Kontrollieren Sie alle Gläser, die Sie von Ihren Kunden wieder zurückbekommen. Riechen Sie hinein. Sortieren Sie Gläser und Deckel aus, die schartig oder zerbrochen sind oder streng nach Gewürzen oder Lösungsmitteln riechen.
- Werfen Sie Gläser weg, deren selbstklebendes Etikett Sie nur mit Nitroverdünnung ablösen können.
- Lassen Sie die Gläser entweder in der Spülmaschine trocknen oder stellen Sie sie zum Trocknen auf eine schräge, mit sauberen Geschirrtüchern bedeckte Fläche. Honiggläser sind nämlich nach innen gewölbt. Werden sie auf einer ebenen Fläche getrocknet, trocknet das Spülwasser mit einem hässlichen Wasserfleck am Boden des Honigglases ab. Reiben Sie die Gläser wegen der Fusselgefahr nicht mit einem Geschirrtuch aus.
- Verkaufen oder verzehren Sie Ihren Honig bis zur kommenden Ernte, denn Honigeimer sind nicht luftdicht, das heißt der darin gelagerte Honig bindet Wasser und kann bei mehrjähriger Lagerung verderben.
- Verschleppen Sie keine Keime, indem Sie zum Beispiel den Lappen für die Reinigung des Ausgussbeckens für das Abwischen von Honigklecksern auf gerade abgefüllten Honiggläsern benutzen.
- Möchten Sie den Honig länger lagern, haben Sie diese Alternativen: Stellen Sie einen Luftentfeuchter in den Lagerraum und halten Sie die Luftfeuchtigkeit konstant unter 60 %. Verwenden Sie Lagergefäße aus Edelstahl mit Dichtung im Deckel und Spannklammern.

Extratipp

Extratipp: Reinigen Sie effektiv

Nutzen Sie zur Lagerung Ihres Honigs Eimer mit einem Fassungsvermögen von 20 und weniger Kilogramm. Diese Eimer bekommen Sie in jeder Spülmaschine in den unteren Korb. Sie reinigen diese Eimer im Kurzspülgang ohne Reinigungsmittel, also mit warmem Wasser. Sie können das Spülen bis zu dreimal unterbrechen und den Eimer austauschen. So haben Sie innerhalb von 15 bis 20 Minuten mehrere der für normale Spülbecken recht unhandlichen Eimer gesäubert. Im oberen Korb reinigen Sie gleichzeitig Ihre Siebe, Honigschaber und andere Kleinteile. Danach entleeren Sie das Sieb Ihrer Spülmaschine, das jetzt voller Wachskrümel ist.

Schritt 5 – Kontrollieren und halten Sie Ihr Hygieneniveau

Legen Sie sich strikte Regeln auf, wie Sie das Hygieneniveau halten, zum Beispiel:

- Räume vor allen Arbeiten gründlich reinigen.
- Den Wassergehalt des Honigs vor dem Schleudern und vor dem Abfüllen kontrollieren.

Am besten, Sie machen sich dazu eine Checkliste, mit der Sie die Einhaltung des Hygienestandards selbst überprüfen können, bevor es die Lebensmittelaufsicht tut.

Denken Sie dabei auch daran, regelmäßig zu kontrollieren, ob alle Räume frei von den folgenden Schädlingen sind.

- **Wachsmotten** gefährden Ihren Vorrat bereits bebrüteter oder mit Pollen gefüllter Waben. **Gegenmaßnahme**: Schwefeln Sie Ihren Wabenvorrat.
- **Ameisen** werden durch verkleckerten Honig oder unsaubere Lagergefäße angelockt. **Gegenmaßnahme**: Wischen Sie alle Honigreste ab und legen Sie Köderdosen aus, die Sie in jedem Bau- und Gartenmarkt erhalten.
- **Ratten und Mäuse** zernagen Futterwaben. **Gegenmaßnahme**: Legen Sie Ratten- und Mäuseköder so lange aus, bis sie nicht mehr genommen werden. Dieses Gift erhalten Sie ebenfalls in Bau- und Gartenmärkten.

... und zum Schluss das Etikett. Damit ist die Honigverarbeitung abgeschlossen und das edle Imkereiprodukt verkaufsfertig.

Honig weiterverarbeiten und ohne Schaden lagern

Sie haben nun schwere Eimer voller Honig. Nicht alles davon werden Sie sofort verbrauchen. Da es sich bei Honig chemisch um eine **hochgesättigte Zuckerlösung** handelt, beginnt er nach einiger Zeit zu **kristallisieren**. Dabei hängt es von den im Honig vorhandenen Zuckersorten ab, wann dies geschieht.

Honige mit einem hohen Anteil an **Fruchtzucker** wie Akazienhonig oder Rohrzucker wie Waldhonig bleiben lange **flüssig** und kristallisieren niemals richtig aus. Akazienhonig nimmt nach ein bis zwei Jahren eine an sulzigen Schnee erinnernde Konsistenz an.

Anders verhalten sich Honige mit einem hohen Anteil an **Traubenzucker** wie Rapshonig. Sie beginnen bereits wenige Tage nach der Schleuderung zu **kandieren**. Honige mit einem gemischten Zuckerspektrum, zum Beispiel von der Linde, kristallisieren erst nach drei bis vier Monaten.

So erkennen Sie den richtigen Zeitpunkt fürs Rühren

Es ist eine große Kunst, nicht zu spät mit dem Rühren zu beginnen. Oft hat der Imker in der Saison so viel zu tun, dass er den in Kübeln gelagerten Honig in Sicherheit glaubt und dann den passenden Zeitpunkt zum Rühren verpasst.

Honig kristallisiert nicht gleichmäßig. Es kann sein, dass von der gleichen Schleuderung ein durchkristallisierter Honig direkt neben einem noch ganz flüssigen steht. Oder der Honig scheint oben noch flüssig zu sein, während sich am Boden des Hobbocks bereits ein dicker Block aus hartem Honig abgesetzt hat.

Hinweis

Um zu verhindern, dass der Honig steinhart wird, rühren Sie ihn. Dadurch stören Sie das Kristallwachstum. Statt großer, harter Kristalle bildet sich vielen kleine. Im besten Fall erhalten Sie einen cremigen Honig mit einer an Schmalz erinnernden Konsistenz. Das Prinzip ist das gleiche wir bei der Eiskremherstellung.

Am leichtesten erkennen Sie den richtigen Zeitpunkt, wenn Sie gleich beim Schleudern ein Glas Honig abfüllen und ins Regal stellen. So lange dieser Honig völlig **klar** ist, brauchen Sie noch nicht zu rühren. Mit der Zeit **trübt** er sich ein und sieht dann aus wie ein Hefeweizenbier.

Jetzt ist der richtige Zeitpunkt zum Rühren gekommen! Stellen Sie alle Kübel einer Sorte in eine Reihe, Rand an Rand. Dann beginnen Sie auf der einen Seite und arbeiten sich von Kübel zu Kübel. Rasch werden Sie feststellen, bei welchen Eimern die Kandierung schon weiter fortgeschritten ist. Rühren Sie den Honig so lange, bis es schwer wird, ihn noch zu durchmischen.

Welcher Rührer ist der beste?

Traditionalisten nutzen bis auf den heutigen Tag einen dreikantigen Stab aus Buchenholz. Dieses Material ist aber aus **hygienischen** Gründen besonders problematisch, da Buchenholz im Gegensatz zu dem ebenfalls sehr harten Eichenholz keine keimtötende Wirkung hat. Doch es muss kein Holz sein. Im Imkereifachhandel finden Sie viele Alternativen.

Wenn Sie nur wenig Honig haben, arbeiten Sie am besten mit dem Gerät namens **Auf und Ab**. Dieses rührt den Honig nicht im Kreis, sondern durchmischt ihn nur gründlich. Sie können es nach Gebrauch auf einem Kuchengitter über dem Honigkübel abtropfen lassen und anschließend abspülen.

Schier unüberschaubar ist die Vielfalt bei **Rührspiralen**: gewunden wie eine Schraube, mit und ohne Flügeln, Propeller und so weiter. Für welches Modell Sie sich entscheiden, ist Geschmacksache. Achten Sie nur darauf, dass die Spirale eine Mittelachse besitzt. Spiralen, die aussehen wie ein Korkenzieher, lassen sich im Honig schlecht führen und schlagen wild gegen die Wand des Kübels aus. Zudem sollen sich die Spiralen leicht reinigen lassen.

Die Rührspiralen werden in das Bohrfutter einer **Bohrmaschine** gesteckt. Dieses wird dann angezogen. Am einfachsten funktioniert dies mit einem Schnellspannfutter. Doch Vorsicht! Schon viele Bohrmaschinen sind in Rauch aufgegangen, weil sie den Belastungen des

Honigrührens nicht standgehalten haben. Orientieren Sie sich beim Kauf eher an einem Gerät zum Anrühren von Mörtel. Solche Maschinen, die es auch als Kombi-Geräte gibt, haben die nötige Untersetzung, um auch bei niedrigen Geschwindigkeiten genug Kraft auf die Spirale zu bringen. Während Löcher vertikal in Wände gebohrt werden, arbeiten Sie mit dem Rührer nach unten. Daher sind **Mörtelrührer** die beste Lösung.

Alternativ können Sie im Imkereifachhandel ein Vorsatzgetriebe für handelsübliche Bohrmaschinen erwerben. Auch damit verhindern Sie, dass Ihre Bohrmaschine bald „den Geist aufgibt".

Wie Sie durch Rühren ein optimales Ergebnis erzielen

Einen wunderbar cremigen Honig erzielen Sie, wenn Sie den Honig regelmäßig rühren. Wie oft, hängt von der Schnelligkeit der Kandierung ab. Rapshonig und Frühjahrsblüte mit einem hohen Rapsanteil muss sich dieser Prozedur täglich zweimal unterziehen. Langsamer kristallisierende Honige wie Lindenhonig braucht nur alle zwei bis drei Tage gerührt werden. Wenn Sie merken, dass sich die Kandierung beschleunigt, sollten auch Sie „einen Zahn zulegen" und die Rührintervalle verkürzen. Der Honig ist fertig gerührt, wenn er an der Oberfläche kräftig perlmuttartig glänzt.

Sie brauchen nicht auf den perfekten Zeitpunkt zum Rühren Ihres Honigs zu warten, sondern können diesen aktiv herbeiführen, indem Sie ihn mit cremigem **Honig impfen**. Dazu reicht ein Kilogramm cremiger Honig auf einen Hobbock mit flüssigem Honig. Wärmen Sie den cremigen Honig leicht an. So lässt er sich leichter unterrühren. Beginnen Sie am nächsten Tag mit dem Rühren und führen dies täglich fort, bis er kräftige, perlmuttglänzende Schlieren bildet. Dann können Sie den Honig in Gläser abfüllen.

Muss es einmal schnell gehen, dann können Sie flüssigen mit cremigem Honig im Verhältnis 1:1 **mischen**. Diese Mischung brauchen Sie nicht weiterrühren und können sie sofort in Gläser füllen. Auf diese Weise arbeiten Sie auch hart kandierten Honig um. Verflüssigen Sie dazu den Honig im Melitherm und lassen Sie ihn wieder abkühlen. Dann kann er wie beschrieben geimpft werden.

Wie Sie Honig ohne Schaden lagern

Ist der Honig gefiltert und gerührt, können Sie ihn bis zum Verbrauch oder Verkauf einlagern. Als **Gefäße** eignen sich am besten 12,5 kg-, 30 kg- oder 40 kg-Eimer oder **Hobbocks**. Diese sind speziell für die Lagerung von Honig gedacht. Allerdings haben Versuche gezeigt, dass sie nicht absolut luftdicht sind. Es kommt also zu einem Austausch zwischen der Luft des Lagerraums und der Luft über dem Honig. Vermeiden können Sie dies nur, indem Sie Edelstahlkübel mit einem Deckel mit Gummidichtung und Schnallenverschluss verwen-

Wichtig

Keinesfalls dürfen Sie zum Honigrühren einen Farbrührer aus dem Baumarkt verwenden. Die darauf befindliche Farbe blättert leicht ab und gelangt so in den Honig. Unter dieser Farbe ist einfaches Eisenblech, das im Kontakt mit Honig sofort zu korrodieren beginnt. Sparen Sie hier nicht am falschen Platz!

den. Diese sind jedoch im Vergleich zu den **Plastikeimern** rund zwanzigmal teurer. Sie können sich diese Anschaffung sparen, indem Sie einen geeigneten Honiglagerraum auswählen.

Falls Sie als Stadtimker keinen extra Lagerraum vorweisen können, lagern Sie Ihren Honig am besten bis zur Abfüllung in einer **unbeheizten** Speisekammer oder notfalls auch im Schlafzimmer. Stark riechende Speisen sowie das Zerstäuben von Parfüm oder das Aufhängen von Luftverbesserern sind in Anwesenheit von Honig allerdings tabu!

Checkliste

Wie gut eignet sich ein Raum zur Honiglagerung?

Nach einer alten Imkerregel sollte der Imker stets eine komplette Ernte im Lager haben, um auch bei Wetterkapriolen stets lieferfähig zu sein. Mit dieser Checkliste prüfen Sie, ob ein von Ihnen dafür vorgesehener Raum dazu geeignet ist, um Honig über mehrere Monate ohne Qualitätsverlust zu lagern.

❏ Der Raum heizt sich nicht auf, sondern hat eine konstant kühle Temperatur von unter 20°C (besser 15°C).

❏ Der Raum ist trocken oder kann durch den Einsatz eines Lufttrockners auf eine Luftfeuchtigkeit von 60 % heruntergetrocknet werden.

❏ Der Raum hat keine Glasfronten oder große Fenster, die den Honig dem Sonnenlicht aussetzen würden.

❏ Der Raum liegt nicht in der Nähe von Räumen, aus denen ab und zu starke Fremdgerüche herüberwehen könnten, wie beispielsweise der Garage oder dem Bastelkeller mit Farben und Verdünnungsmitteln.

❏ Der Raum ist frei von Fremdgerüchen.

❏ Der Raum ist leicht zu reinigen, für den Fall, dass zum Beispiel Honig verkleckert wurde.

❏ Der Raum ist leicht zu begehen, sodass unhandliche und schwere Honigeimer ohne Stolperfallen getragen werden können.

❏ Von der Decke und den Wänden blättert keine Farbe ab, die beim Öffnen von Eimern in den Honig fallen könnte.

Auswertung

Falls Sie allen Aussagen zustimmen konnten, erfüllt der Raum alle Kriterien. Sie werden Ihren Honig dort lagern können, ohne dass seine Qualität darunter leidet.

Der Weg zum Genießer – schenken Sie Freude mit Ihrem Honig

Die Imkerei erfordert wie viele Hobbys eine Reihe von Anschaffungen. Doch anders als ein Reiter oder Segler haben Sie als Imker die einmalige Chance, einen Teil der Ausgaben durch den Verkauf Ihres Honigs zu refinanzieren. Es gibt noch andere Gründe, warum fast alle Imker Honig verkaufen. Sie werden rasch feststellen, dass Sie schon kurz nach dem Start mit dem Imkern von Ihren Freunden, Bekannten und Verwandten gebeten werden, Ihnen doch das eine oder andere Honigglas zu verkaufen. Oder Sie stehen nach einem sehr guten Honigjahr mit Ihrer Drei-Völker-Imkerei vor der Frage: Wohin mit den 150 kg Honig?

In diesem Kapitel erfahren Sie alles, was Sie für den erfolgreichen Vertrieb Ihrer Honigüberschüsse wissen müssen.

Durch eine attraktive Aufmachung verkauft sich Stadthonig wie von selbst.

Warum das Interesse an Ihrem Honig in der Stadt so groß ist

In der Stadt gibt es viele Honiggenießer aber nur wenige Imker. Während bundesweit rund 20 % des in Deutschland verzehrten Honigs aus dem Inland kommt, sind es in einer Stadt wie Berlin nur 2 %. Schon diese Zahl zeigt, dass in jeder mittleren und größeren Stadt ein gewaltiges Potenzial für Ihren Honigvertrieb steckt. Dies drückt sich auch in den Preisen aus. In der Regel erzielen Stadtimker 30 bis 40 % höhere **Preise** als die zahlreicheren Kollegen auf dem Land, die um die Gunst einer niedrigeren Anzahl an Honigessern konkurrieren.

Doch neben vielen älteren Kunden haben Sie eine Honig liebende, immer größer werdende Kundengruppe, die es auf dem Land fast nicht gibt: die Lohas! LOHAS steht neudeutsch für „Lifestyles of Health and Sustainability", Lebensstile der Gesundheit und Nachhaltigkeit. Nach Erkenntnissen der Gesellschaft für Konsumforschung (GfK) sind hierzulande 20 % aller Konsumenten dieser Gruppe zuzuordnen. Die restlichen 80 % fragen immerhin mehr oder weniger regelmäßig **regionale Produkte** wie auch Honig nach – mit steigender Tendenz.

Einen Lohas können Sie sich etwas karikierend etwa so vorstellen: Er oder sie flaniert mit einem überteuerten Coffee-To-Go in der Hand und einer Yoga-Matte unterm Arm durch die Stadt und trägt eine modische, gut sitzende Jeans aus fair gehandelter Baumwolle.

Wenn Sie es etwas genauer wissen möchten, besorgen Sie sich die „Bibel" der **Lohas-Kunden**: den Katalog des Versandhauses Manufactum. Darin gibt es Angebote von kleinen, regionalen Herstellern aus der ganzen Welt. Wenn Sie den Wälzer durchblättern oder eines der Manufactum-Geschäfte besuchen, bekommen Sie einen sehr guten Eindruck, was dieser Honig-Zielgruppe sonst noch so gefällt und wofür sie Geld auszugeben bereit ist.

Peter Parwan, Marketingfachmann aus München und Betreiber der Internetseite www.lohas.de, beschreibt das Seelenleben der Lohas so: „Sie suchen neue Werte und ein neues Bewusstsein. Die Bedürfnisse dieser Menschen richten sich nach innen. Sie suchen Selbsterkenntnis, Stressfreiheit und Entschleunigung, Gesundheit, Nachhaltigkeit und Beständigkeit. Dies alles mündet in eine Nachfrage von wirtschaftlich, gesundheitlich und ökologisch sinnvollen Produkten und Dienstleistungen."

Lohas wählen die von Ihnen erworbenen Produkte also explizit aus, und zwar nach Kriterien wie Gesundheit, Ökologie und Nachhaltigkeit. Der Lohas möchte als bewusster Konsument durch seinen Konsum zum Wohlergehen anderer, zum Beispiel Menschen in der Region, und der Umwelt beitragen. Konsum ist für ihn nicht nur

Bedürfnisbefriedigung, sondern steht auch für verantwortungsbewusstes Handeln.

Sie sehen: Dies ist eine Haltung zwischen ökologischem Bewusstsein und hedonistischer, also auf Lebensfreude und Genuss ausgerichteter Lebensführung. Genau dazu passt Ihr Honig, weil er für echte, unverfälschte Natürlichkeit steht und Ihre Bienen die Artenvielfalt der Flora erhalten.

Unterliegen Sie aber nicht einer häufigen Fehleinschätzung: Honig genießende Lohas sind keine „Latzhosen-Ökos". Sie sind mehr optimistisch als kritisch-konsumfeindlich. Der Wunsch dieser idealistischen Hedonisten ist eine balancierte Lebensweise im Glauben an eine bessere Welt, die nicht durch Verzicht, sondern durch bessere Ideen, moderne Technologie und Gemeinsinn erreicht wird.

Unterscheiden Sie diese drei Lohas-Typen als Kunden

Die Charakterisierungen sagen sehr viel darüber aus, warum diese Typen Ihren Honig und nicht den billigeren vom Discounter oder dem ländlichen Umland bevorzugen.

Lohas-Typ 1 – der städtische, urbane Konsument

Er interessiert sich vor allem für die identitätsstiftende Wirkung regionaler Produkte. Er kauft Stadthonig, weil er gern in der Stadt wohnt. Er ist davon überzeugt, dass Stadtmenschen moderner und aufgeschlossener sind. Er glaubt, dass Sie als Stadtimker einen besseren, hygienischeren Honig anbieten als ein ihm fremder und als „Landei" zutiefst suspekter Landimker, der am Straßenrand einer Kreisstraße ein Klapptischchen aufgestellt hat und dort seinen mit rustikalen oder altmodischen Etiketten versehenen Honig zu verkaufen versucht.

Lohas-Typ 2 – der traditions- und qualitätsorientierte Konsument

Er glaubt, regionale Produkte sind frischer und ursprünglicher. Für ihn ist wichtig, dass Sie ihn stets kurzfristig mit Honig beliefern können. Er kauft bei Ihnen als Imker, weil bereits sein Großvater auf dem Land Bienen hatte. Er verklärt den Honig seiner Kinderzeit zum allerbesten Honig überhaupt. Ihm verkaufen Sie nicht nur Honig sondern auch seine Kindheitserinnerungen.

Lohas-Typ 3 – der genießerische Konsument

Er ist an der individuellen Geschichte des Produkts interessiert. Er will genau wissen, bis zu welcher Straße Ihre Bienen geflogen sind. Er sagt Ihnen exakt, wo er Ihre Bienen entdeckt hat: „an meinen Blumenkästen". Er baut eine ganz persönliche Beziehung zu Ihren Tieren auf und glaubt, Anteil an ihrem Leben zu nehmen.

Sicher haben Sie erkannt, dass Sie bei diesen Lohas-Typen mit Ihrem Stadthonig auf die beste Resonanz stoßen, wenn Sie ein Produkt liefern, das die gewünschten Eigenschaften besitzt. Als Stadtimker haben Sie dazu alle Chancen.

So vertreiben oder verschenken Sie Ihren Honig rechtssicher

Ästhetik ist Ihren Kunden wichtig. Sie kaufen Ihnen den Honig nur ab, wenn er auch ansprechend aufgemacht ist. Doch das alles interessiert die **Lebensmittelüberwachung** wenig. Sobald Sie Honig in den Verkehr bringen, muss das im Glas drin sein, was draufsteht! In den Verkehr bringen heißt: an einen anderen Menschen abgeben oder abgeben wollen. In den Verkehr bringen Sie Lebensmittel also immer dann, wenn Sie diese importieren, verkaufen, verschenken oder bereitstellen, zum Beispiel, indem Sie sie in einem Katalog oder einer Preisliste anbieten sowie zum Verkauf aufbewahren.

Entgegen einer weit verbreiteten Auffassung ist es rechtlich völlig unerheblich, was Sie dem Kunden beim Verkauf sagen („Da steht zwar Lindenhonig drauf – es ist aber Sommerblüte drin"). Es gilt: Was auf dem Glas steht, muss drin sein! Wenn Sie mit Ihrem **Etikett** die folgenden acht Fragen beantworten können, halten Sie alle rechtlichen Bestimmungen ein und geben der Lebensmittelüberwachung keinen Grund zur Beanstandung.

1. Was ist im Glas?

Ihr Produkt braucht gemäß § 3 Abs. 1 Nr. 1 der Lebensmittelkennzeichnungsverordnung (LMKV) eine „Verkehrsbezeichnung". Dabei reicht die Bezeichnung „Honig" im Grunde völlig aus. Doch Honige gibt es viele, daher können Sie hier auch Angaben über den biologischen Rohstoff, Blütennektar oder Honigtau, machen. Ihr Honig heißt dann entweder „Blütenhonig" oder „Waldhonig". Stammt der Nektar überwiegend aus einer bestimmten Tracht, ist eine noch genauere Beschreibung möglich, zum Beispiel „Akazienhonig". Mit einer regio-

Verwenden Sie einen Sicherheitsverschluss

Auch Kleinstimker verkaufen oft nicht jedes Glas ihres Honigs persönlich an den Verbraucher, sondern zum Beispiel in der Kantine der Firma, in der sie beschäftigt sind, in ihrer Lieblingskneipe oder beim Bäcker an der Ecke. Sie vermitteln dem Verbraucher ein Gefühl der Sicherheit, wenn Sie den Deckel des Glases vor unbefugtem Öffnen schützen. Nutzen Sie dazu ein **Verschlusssiegel**, eine Banderole oder einen Papierstreifen. Selbstklebende Streifen erhalten Sie im Imkereifachhandel. Auf diese Weise wehren Sie auch Haftungsansprüche ab, weil so sichergestellt ist, dass zwischen Ihnen als Hersteller und dem Verbraucher niemand Zugriff auf den Inhalt des Glases hatte.

Tipp

Vermeiden Sie phantasievolle Bezeichnungen wie „Kastanien- mit Löwenzahnhonig", wenn Sie nicht durch eine Honiganalyse ganz sicher sein können, dass Sie, wie angegeben, Kastanienpollen als Leitpollen und Löwenzahnpollen als Begleitpollen haben. Nennen Sie im Zweifel Ihren Honig besser „Frühjahrsblüte" oder „Sommerblüte", um bezüglich der Verkehrsbezeichnung auf der sicheren Seite zu sein.

nalen Verkehrsbezeichnung unterstreichen Sie zusätzlich die Herkunft Ihres Honigs, zum Beispiel „Berliner Lindenhonig" oder „Honig aus den Elbauen". Voraussetzung ist, dass er zu 100 % von dort kommt.

2. Wer hat den Honig hergestellt?

Bei jedem Lebensmittel müssen gemäß § 3 Abs. 1 Nr. 2 der LMKV Name und Anschrift des Herstellers genannt werden. Beim Honig sind Sie das als Imker! Schmeckt Ihr Honig den Kunden, ist es für sie ganz leicht, Kontakt zu Ihnen aufzunehmen und Honig nachzubestellen.

3. Wie lange ist der Honig haltbar?

Lebensmittel müssen gemäß § 3 Abs. 1 Nr. 4 und § 7 der LMKV mit einem **Mindesthaltbarkeitsdatum** (MHD) versehen sein. Damit garantieren Sie, dass der Honig bis zum Ablauf dieses Datums seine „typischen Eigenschaften" behält. Allerdings ist Honig ein Naturprodukt, das sich nach dem Verkauf noch verändern kann. So kann flüssiger Honig kandieren und dadurch seine Konsistenz und Farbe teilweise ganz erheblich ändern. Das ist hier nicht gemeint. Sie garantieren lediglich, dass Ihr Honig bei sachgemäßer Aufbewahrung nicht verdirbt, das heißt in Gärung übergeht. Da bei „reifem" Honig die Zuckerkonzentration hoch genug ist, um Gärung auszuschließen, können Sie unbedenklich eine lange Haltbarkeit Ihres Honigs garantieren. Sie legen hierbei den **Haltbarkeitszeitraum** in eigener Verant-

Tipp

Geben Sie zusätzlich zu Ihrer Adresse auch Ihre Telefon- und Faxnummer sowie Ihre E-Mail-Adresse an, denn es sollen möglichst viele Kommunikationswege von den Kunden zu Ihnen führen. Denken Sie außerdem daran, dass Sie mit einer bestimmten Adresse Vertrauen ausstrahlen. Der Straßenname „An der Autobahn 2" wirkt nun mal anders als „Im Wiesengrund 15".

wortung fest. Das Etikett muss folgenden Text enthalten: „Mindestens haltbar bis Ende:" Dann folgen Monat und Jahr: also zum Beispiel „Mindestens haltbar bis Ende 03.12.". Alternativ ist „Mindesthaltbar bis: (Datum) also „Mindesthaltbar bis: 24.03.12" möglich. Nicht zulässig ist zum Beispiel: „MHD: 12.03."

4. Wo kommt der Honig her?

Geben Sie Auskunft über das Ursprungsland Ihres Honigs. Das verlangt die Honigverordnung (HonigV) gemäß § 3 Abs. 4 Nr. 1 von Ihnen. Als Imker in Deutschland produzieren Sie deutschen Honig. Also reichen die Kennzeichnungen „Deutscher Honig" oder „Ursprungsland Deutschland" völlig aus.

5. Wie viel ist drin im Glas?

Honiggläser sind Fertigpackungen im Sinne der Verpackungsverordnung (FPVO) und des Eichgesetzes (EichG). Es ist gemäß § 6 FPVO, § 7 EichG zwingend notwendig, dass Sie angeben, wie viel Honig im Glas oder Eimer ist. Nennen Sie auf dem Glas nur das Nettogewicht, also nur das des Honigs. Bei Füllgrößen über 200 g schreibt das Gesetz eine **Mindestschriftgröße** von mindestens 4 mm auf dem Etikett vor. Um beim Befüllen der Gläser auf Nummer Sicher zu gehen, nutzen Sie am besten eine geeichte Waage (§ 2 EichG).

Tipp

Anstelle einer (teuren) geeichten Waage, reicht ein einfacheres Modell mit einer Tara-Taste. Auch diese Waagen arbeiten in der Regel exakt. Es ist aber empfehlenswert, die Genauigkeit Ihrer Waage ab und zu zu überprüfen. Dies erledigen Sie ganz einfach bei Ihrem nächsten Weg zu einer Postfiliale. Legen Sie zuerst einen Brief auf Ihre Honigwaage, und lesen Sie das Gewicht ab. Wiegen Sie danach die gleiche Sendung bei der Post. Diese Waage ist geeicht. Stimmen die Gewichte überein, funktioniert auch Ihre Waage fehlerfrei!

6. Welche Honiggläser haben einen identischen Inhalt?

Jede Schleuderung und jedes Honigjahr fällt, abhängig von der Witterung und den angeflogenen Trachtpflanzen, unterschiedlich aus. Entsprechend verschieden ist der Inhalt, der sich hinter der gleichen **Sortenbezeichnung**, zum Beispiel „Frühjahrsblüte" verbergen kann. Die Loskennzeichnungsverordnung schreibt vor, dass Verkaufseinheiten desselben Lebensmittels einheitlich gekennzeichnet sein müssen (§ 3 Abs. 3 LMKV). Sie bilden ein „Los".

Vermerken Sie zunächst auf den Lagergefäßen, das heißt auf den Eimern und Hobbocks, Sorte und **Schleuderdatum**. Wenn Sie den Honig dann in Gläser abfüllen, geben Sie jeder Abfüllung eine unverwechselbare **Losnummer**, die mit einem „L" beginnt. Sie kann aus Zahlen, Buchstaben oder beidem bestehen. Wichtig ist, dass letztlich für jedes Glas genau zurückverfolgt werden kann, aus welcher Schleuderung es stammt und wo der Standplatz der Völker war, die den Honig aus Nektar umgewandelt haben.

Bringen Sie die Angaben an einer gut sichtbaren Stelle, deutlich lesbar an. Sie müssen alle im gleichen „Sichtfeld", also auf dem Hauptetikett stehen. Die Verkehrsbezeichnung, das MHD und die Mengenkennzeichnung „sind im gleichen Sichtfeld anzubringen".

Tipp

Notieren Sie sich in einer Kladde, welche Lose sich auf welche Schleuderungen verteilen.
Alternativ können Sie statt einer Loskennzeichnung auch das Mindesthaltbarkeitsdatum verwenden, wenn Sie sich in der Kladde zum Beispiel notieren, dass der Honig mit dem MHD 24.03.2012 die Sommerblüte ist, die Sie am 03.07.2010 geschleudert haben.

Tipp

Viele Imker geben
Honig in Pfand-
gläsern ab. Falls
Sie dies auch tun
möchten, nennen
Sie zusätzlich zum
Verkaufspreis den
darin enthaltenen
Pfandbetrag, zum
Beispiel 500 g
Sommerblüte à
4,50 € incl. 0,30 €
Pfand.

7. Was kostet das Glas?

Wenn Sie regelmäßig an Verbraucher Honig gegen Bezahlung abgeben, sind Sie gemäß § 1 **Preisangabenverordnung** dazu verpflichtet,
den Bruttopreis des in Gläsern abgefüllten Honigs anzugeben. Dieser
Preis nennt den Betrag ohne weitere Extras. Es ist zum Beispiel nicht
erlaubt, nur den Honigpreis zu nennen und dann einen zusätzlichen
Betrag für das Glas oder die eventuell zu bezahlende Mehrwertsteuer
zu nennen. Bei „krummen" Gebinden, zum Beispiel 375-Gramm-Glä-
sern, müssen Sie zusätzlich einen **Grundpreis** angeben. Dies ist der
Preis, den Sie für 100 g oder 1 kg verlangen würden. Ob Sie Preisauf-
kleber verwenden, mit einer ausgehängten Preisliste oder Preisauf-
stellern arbeiten, bleibt Ihnen überlassen. Wichtig ist nur, dass der
Verbraucher **eindeutig** erkennen kann, was er für welches Glas auf
den Tisch legen muss.

8. Wohin mit dem leeren Glas?

Mit jedem Glas, das Sie in den Verkehr bringen, leisten Sie Ihren Beitrag zum Anwachsen des Müllbergs. Die **Verpackungsverordnung** verpflichtet Sie dazu, einen Beitrag zur Entsorgung dieser Verpackungen
zu leisten, indem Sie Gebühren an ein anerkanntes duales Entsorgungsunternehmen wie den „Grünen Punkt" zahlen. Auch Sie als kleiner landwirtschaftlicher Direktvermarkter sind hier in der Pflicht!
Dazu müssen Sie einen Vertrag mit einem zugelassenen dualen Entsorgungsunternehmen schließen. Die Entgelte dieser Firmen variieren von Fall zu Fall sehr stark. Weitere Informationen und eine Liste
der anerkannten Entsorgungsunternehmen finden Sie auf Seite 171.

Als Kleinstunternehmen mit in der Regel nur wenigen hundert
Gläsern im Jahr verursachen Sie solchen Entsorgern mehr Kosten als
Sie Erlöse bringen. Wundern Sie sich daher nicht, wenn Sie auf Ihre
freundliche Anfrage keine Antwort erhalten oder mit einem Grundbe-
trag etwa ab 160 €/Jahr belastet werden, der in keinem Verhältnis zu
den von Ihnen in den Verkehr gebrachten Verpackungsmengen steht.

Tipp

Sie können die Pflicht des Entsor-
gungsbeitrags umgehen, indem Sie
ein eigenes Pfandsystem aufbauen
und Ihren Kunden anbieten, die
Gläser gegen Zahlung eines Pfand-
betrags zurückzunehmen. Dies
funktioniert aber nur beim persönlichen Verkauf an Endverbraucher.
Wiederverkäufer wie Einzelhändler
oder Hofläden lehnen es meist aus
Hygienegründen ab, die oft klebri-
gen oder ungewaschenen Gläser
zurückzunehmen und für Sie zu
lagern.

Der Deutsche Imkerbund unterstützt Sie bei Ihrem Vertrieb

Das D.I.B.-Einheitsglas garantiert für Qualität.

Ein eigenes, ansprechendes Etikett entwerfen und drucken zu lassen, ist vielen Hobbyimkern zu viel Arbeit. Geht es Ihnen genauso? Dann nutzen Sie das Angebot des Deutschen Imkerbundes (D.I.B.). Jedes Mitglied einer Gliederung des deutschen Imkerbundes, also die Mitglieder der meisten Imkervereine können das vorgefertigte Etikett und das Glas des D.I.B. benutzen.

So verwenden Sie das D.I.B.-Einheitsglas

Als Voraussetzung für den Verkauf in Einheitsgläsern verlangt der D.I.B. die erfolgreiche Teilnahme an einem Honiglehrgang. Wann und wo diese Lehrgänge stattfinden, erfahren Sie bei Ihrem Landesverband. Sie lernen dabei alles, was Sie über Honig wissen müssen und wie Sie **Qualitätshonig** erzeugen. Denn nur dieser darf in das Einheitsglas des D.I.B. Das Glas ist geschützt über ein eingetragenes Warenzeichen und wird vom D.I.B. stets auf dem aktuellen Stand der Warenkennzeichnung gehalten.

Wenn Sie dieses Glas also benutzen, verwenden Sie stets eine rechtlich einwandfreie Verpackung. Somit kommt es nur noch auf Ihre Erfahrung als Imker an, die **Qualitätsanforderungen** des D.I.B. für sein Warenzeichen in der Praxis zu erfüllen.

Weitere Besonderheiten des D.I.B.

Anders als bei neutralen Honiggläsern tragen die D.I.B-Einheitsglas-etiketten statt einer Loskennzeichnung die fortlaufende **Kontroll-nummer** des D.I.B. Wenn Sie diese nutzen, dann schreiben Sie in Ihre Losnummer-Kladde einfach, welche Nummern zu welchen Abfüllun-gen gehören. Auch so kann die Herkunft des Honigs in den Einheits-gläsern zurückverfolgt werden.

Der D.I.B. fordert Sie nach Absolvierung des **Honiglehrgangs** und der Bestellung Ihres ersten Satzes mit Etiketten dazu auf, eine Honig-probe einzureichen. Diese wird dann untersucht und es wird auf diese Weise überprüft, ob Sie fähig sind, das was Sie in der Theorie gelernt haben, anzuwenden. So wird die gleichbleibende Qualität durch das D.I.B.-Siegel garantiert.

Als Nutzer des **Warenzeichens** können Sie auf die zahlreichen Werbemittel des D.I.B. zurückgreifen. Dazu gehören nicht nur Infor-mationsblätter zu den wichtigsten Honigsorten, die Sie Ihren Kunden weiterreichen können. Auch Tüten, kleine Broschüren, Plakate, Luft-ballons und Probiergläser für Honigwein gehören zum Angebot. Sie können alles über Ihren Imkerverein bestellen und erhalten die Ware dann direkt zugesandt. Da ein Teil des Beitrags, den Sie bei Ihrem Imkerverein zahlen, vom D.I. B. für **Werbemittel** verwendet wird, sind diese Materialien ausgesprochen preiswert für Sie.

An dieser Gegenüberstellung erkennen Sie, dass Sie beim Neutral-glas mehr Verantwortung übernehmen, dadurch aber auch mehr Frei-heit gewinnen. Diese haben Sie beim D.I.B.-Glas nur in dem vom Imkerbund abgesteckten Rahmen. Dies ist durchaus gerechtfertigt dadurch, dass Sie mit dem Einheitsglas nicht nur sich, sondern die gesamte deutsche Imkerschaft repräsentieren.

Wo Sie begeisterte Abnehmer für Ihren Honig finden

Als Stadtimker leben Sie in einem urbanen Ballungsraum. Sie haben da-her viele Möglichkeiten, Ihren Honig an den Verbraucher zu bringen.

Zunächst werden Sie damit Verwandte, Freunde und Kollegen erfreuen. Alle sind sie schließlich neugierig, wie das Ergebnis Ihres neuen Hobbys schmeckt. Doch viele belassen es bei einem Glas. Dann ist die Neugier gestillt und Wurst, Käse, Marmelade und Scho-kocreme erobern ihren alten Platz am Frühstückstisch zurück.

Sie brauchen trotzdem die 60 bis 80 Pfund Honig in Gläsern nicht selbst zu leeren, die jedes städtische Bienenvolk jährlich im Durch-schnitt bringt. Auf den folgenden Seiten werden einige typische **Ver-triebswege** für Ihren Honig beschrieben und auch, was Sie im jewei-ligen Fall besonders beachten müssen.

Was ist besser: Das Einheitsglas des D.I.B. oder das Neutralglas?

Vorteile des D.I.B.-Glases	Vorteile des Neutralglases
Das Glas ist eine bekannte Marke und steht für „Echten Deutschen Honig" aus heimischer Produktion.	Eine individuelle Gestaltung, die sich von anderen Imkern abhebt, ist möglich.
Die Verpackung ist ansprechend und professionell aufgemacht.	Zusatzetiketten und -hinweise, zum Beispiel auf ökologische Imkerei, sind ohne vorherige Erlaubnis des D.I.B. möglich.
Alle rechtlichen Anforderungen an die Warenkennzeichnung und Verpackung werden erfüllt.	Es können auch andere Qualitäten als die vom D.I.B. vorgeschriebene abgefüllt werden.
Das Einheitsglas ist durch seine Deckeleinlage aus kunststoffbeschichtetem Papier luftdichter als das Neutralglas. Dadurch ist der Inhalt besser haltbar.	Die Abfüllung geht zügiger, da das Neutralglas nur aus drei Teilen (Glas, Deckel, Etikett) besteht. Zum D.I.B.-Glas gehört zusätzlich eine Deckeleinlage.
Für das hochwertige und aufwändige Glas sind die Kunden bereit, ein Pfand zu hinterlegen.	Das Neutralglas ist rund 5 Cent preiswerter als das D.I.B.-Glas und kann auch ohne Pfand abgegeben werden.
Der D.I.B. führt regelmäßig Marktforschungen zum Image des Einheitsglases durch und entwirft daraufhin aktuelles Werbematerial oder modifiziert das Design des Etiketts.	Sie sind völlig frei in der Wahl der Gläsergröße, Gestaltung Ihrer Etiketten-Aufmachung sowie von Werbemitteln und können so dem Geschmack Ihrer Kundschaft entgegenkommen.
Jedem Kunden ist klar, dass Sie unverfälschten Qualitätshonig anbieten.	Als experimentierfreudiger Stadtimker können Sie auch Honigzubereitungen (zum Beispiel Honig mit Chilipulver) entwickeln und diesen – entsprechende Verkehrsbezeichnung vorausgesetzt – problemlos vermarkten.

Stadt- und Straßenfeste

An Wochenenden sind in der Stadt Straßenfeste, Krämer-, Jahrmärkte und Gewerbeausstellungen angesagt. In der Regel werden Sie von Veranstaltungsagenturen organisiert und diese sind froh über jeden Händler. **Lokale Anbieter** geben solchen Festen ein unverwechselbares Flair.

Gegen eine Standgebühr ab 40 € können Sie einen Tag lang Ihren Honig auf der Straße verkaufen. Für 15 bis 20 € Aufpreis erhalten Sie einen einfachen Marktstand mit Plane und Holztisch. Allerdings schwanken diese Preise je nach Agentur, Art des Events und Besuchern ganz erheblich, sodass Sie vorher genau kalkulieren sollten, wie viel Honig Sie verkaufen müssen und können, damit sich solch ein Tag rechnet.

Zwar sind Sie beim Verkauf im Freien sehr **wetterabhängig**, doch der Verkauf an einem solchen Stand kann viel Spaß machen, beson-

Lokale Händler mit ihrem Angebot sind auf Stadtfesten immer willkommen.

Auf Schulfesten bringen Sie Stadtkindern Bienen und Honig nahe.

ders wenn Sie in Ihrer Stadt oder Straße bekannt sind. Dann sind Sie ein beliebter Anlauf- und Treffpunkt für Bekannte, Freunde und andere Kaufinteressenten.

Schulfeste

Wenn Eltern ein interessantes Hobby haben, sind sie bei den Schulfesten ihrer Kinder gerne gesehen. Bienenhaltung gehört dazu, denn Bienen sind lehrreich und stehen auf dem Lehrplan. Als Imker sind Sie daher bei den meisten Schulfesten herzlich willkommen. Bringen Sie einen Schaukasten mit Ihren geflügelten Lieblingen und etwas Honig mit. **Öffentliche Schulen** werden Ihnen aber in der Regel nicht erlauben, Ihren Honig vor Ort zu verkaufen. Sie können aber Bestellungen entgegennehmen und dann bei Gelegenheit den Honig aushändigen. Anders liegt der Fall bei **privaten Schulen**, die auch auf Zuwendungen der Eltern angewiesen sind. Sie belegen Sie in der Regel nicht mit einem Verkaufsverbot. Allerdings bittet der organisierende Elternverein im Gegenzug um eine Spende, zum Beispiel um

Tipp

Viele Stadtfeste haben einen eigenen Standort für Hobbyhändler und Kunsthandwerk. Dieser Teil wird vom Kulturamt der Stadt, einer gemeinnützigen Organisation oder Nachbarschaftsinitiative ausgerichtet. Nehmen Sie Kontakt zu diesen auf, erhalten Sie einen Stand meist zu wesentlich günstigeren Preisen und haben zudem Standnachbarn, die für Ihre Lohas-Kunden attraktiver sind als die Losbuden und Billigtextilienhändler im kommerziellen Teil des Marktes.

10 % vom Umsatz. Der Ausschank oder Verkauf **alkoholischer Getränke**, zum Beispiel von Honigwein (Met) und Honiglikör (Bärenfang), wird auf dem Schulgelände generell nicht gerne gesehen.

Weihnachtsmärkte

Viele Imker berichten, dass Sie in der Vorweihnachtszeit den meisten Honig absetzen. Weihnachtsmärkte sind dazu eine ideale Möglich-keit. Das wissen auch die Organisatoren dieser Märkte und greifen entsprechend bei den **Standgebühren** zu. In der Regel sind 100 € plus MwSt. oder mehr pro Markttag fällig. Dauert der Markt länger als ein Wochenende und ist die Witterung nass-kalt, womöglich sogar mit Schneeregen, kann ein Weihnachtsmarkt rasch in einem finanziellen Desaster enden. Anders sieht es bei Weihnachtsmärkten aus, die von **Kirchengemeinden** an einem Adventssonntag organisiert werden. Diese Märkte sind heimeliger und preiswerter. Zudem fühlen sich viele Gemeindemitglieder verpflichtet, den Markt trotz schäbigen Wetters zu besuchen.

Einzelhandel

Naturkost-, kleine Lebensmittelgeschäfte und Einzelhandelsbetriebe des Handwerks wie Bäckereien, Metzgereien sind darauf angewiesen, sich von großen Lebensmittelketten bei ihrer Sortimentgestaltung abzuheben. Sie suchen das Besondere. Daher findet sich für Ihren Stadthonig in der Regel immer ein Plätzchen im Regal. Allerdings muss Ihr Honig einwandfrei und die Etikettierung muss zwingend in Ordnung sein. Kein Händler kann es sich leisten, bei seinen Kunden mit einem zweifelhaften Produkt in Verruf zu kommen! Vorausset-zung, um mit Wiederverkäufern ins Geschäft zu kommen ist, dass Sie so viel Honig auf Lager haben, dass Sie jederzeit **lieferfähig** sind. Es gibt allerdings auch Händler, die ständig ihr Sortiment ändern, um ihren Kunden immer neue Überraschungen zu bieten. Klären Sie den Händler daher vorher auf, wie es um Ihren Honigvorrat bestellt ist.

> **Achtung**
>
> Kein Händler wird Ihren Honig „schwarz" verkaufen, sondern immer von Ihnen eine korrekte Rechnung verlangen. Dadurch werden Sie auch für das Finanzamt greifbar. Einen EAN-Code, den Strichcode für Scannerkassen also, brauchen Sie bei kleinen Händlern nicht.

Gastronomie

Viele Hotels leiden darunter, dass es ihnen an einem regionalen Profil fehlt. Dem Gast wird gar nicht mehr bewusst, in welcher Stadt er sich eigentlich befindet. Viele Hotelmanager haben diesen Mangel erkannt und versuchen, ihrem Haus eine regionale Ausstrahlung zu geben. Dies klappt sehr gut über eine **regionale Küche**. Besonders Hotels, in denen viele Touristen auf Städtereise absteigen, sind dankbare Abnehmer für Ihren Honig. Für den Gast ist es attraktiv, sich mit einem Honig aus der Stadt schon beim Frühstück auf einen schönen Tag in Hamburg, Leipzig oder München einzustimmen.

Hotelrestaurants zahlen auch gute Preise. Allerdings verlangen Sie oft Informationsmaterial und eine attraktive Aufmachung, um Ihren Honig zu präsentieren. In Hotels haben Sie die Chance, Ihren Honig an der Rezeption als **Souvenirartikel** zu vertreiben.

Finden Sie einen angemessenen Preis für Ihren Honig

Vom Imkermeister Christoph Koch aus Oppenau im Schwarzwald stammt der zutreffende Satz: „Wer als Hobbyimker mit zwanzig Völkern keinen Gewinn erwirtschaftet, braucht gar nicht darüber nachzudenken, eine Null hinter seine Völkerzahl zu hängen."

Auch wenn die Erzielung von Gewinnen nicht die Motivation ist, warum Sie und andere Städter sich Bienen zulegen, so imkert es sich doch leichter in dem Bewusstsein, dass sich das Hobby selbst trägt. Dies um so mehr, weil Sie in der Stadt die besten Vertriebsmöglichkeiten haben. Mit den folgenden drei Fragen finden Sie den Honigpreis, der Sie und Ihre Kunden gleichermaßen glücklich und zufrieden macht:

1. Was sind meine Kunden zu zahlen bereit?

Vermutlich mehr als Sie denken: Lohas haben überwiegend einen hohen Bildungsgrad und damit verbunden auch ein relativ hohes, frei verfügbares Einkommen. Beruflich gehören viele zu Entscheidungsträgern mit einem höheren Einkommen. Um die Zahlungsbereitschaft

Ihrer Kunden zu erkennen, können Sie verschiedene Preise austesten. Falls Sie zum Beispiel zwei verschiedene Honige wie Frühjahrs- und Sommerblüte haben, geben Sie die eine Honigsorte für 4 €, die andere für 5 oder 6 € ab. Vergleichen Sie die Verkaufszahlen nach drei Monaten. Sollten Sie den Eindruck haben, dass der höhere Preis nicht abgeschreckt hat, heben Sie den Preis für die günstigere Sorte an.

2. Was kostet der Honig im D.I. B.-Glas?

Selbstständige Lebensmittelhändler, die ihre Ware über EDEKA oder REWE beziehen, haben ein sehr gutes Gespür für Preise. Schauen Sie im Honigregal nach, wie der Honig im D.I. B.-Glas ausgepreist ist. Diesen Preis können Sie für Ihren Honig in jedem Fall verlangen. Besser, Sie schlagen noch einmal 10 % bis 15 % auf. Auch das ist realistisch.

3. Was kostet mich meine Imkerei?

Diese Frage würde sich ein Betriebswirt oder Berufsimker stellen. Aber auch Sie können alle Ihre Kosten addieren, durch die Menge des geernteten Honigs teilen und mit einem Aufschlag verkaufen.

Wie Sie Ihren Preis für Wiederverkäufer finden

Falls Sie Ihren Honig über gewerbliche Wiederverkäufer vertreiben, gelten im Prinzip die gleichen Fragen. Sie konkurrieren dann allerdings mit solchen Erwerbsimkern, die sich die Kosten und die Arbeit eines Hofladens oder Markthandels ersparen. Um einen Anhaltspunkt zu erhalten, zu welchem Preis diese Ihren Honig an den Handel abgeben, können Sie den Nettoverkaufspreis zum Beispiel wie folgt zurückrechnen:

- 1. Ziehen Sie vom Verkaufspreis des Einzelhändlers die Mehrwertsteuer ab: beispielsweise Bruttoverkaufspreis: 9,69 € – 7 % = 9,01 € Nettoverkaufspreis
- 2. Rechnen Sie die Handelsspanne des Einzelhändlers ab: Während bei Discountern Spannen von nur 1 % bis 2 % gängig sind, kalkulieren kleine Einzelhändler Margen von 50 % bis 100 %. Um auf Ihren Nettoverkaufspreis – also den Einkaufspreis des Einzelhändlers – zu kommen, dividieren Sie den im 1. Schritt ermittelten Nettoverkaufspreis durch 1,5 bis 2. In diesem Beispiel erhalten Sie dann 6 € bis 4,50 €.

Sortiment mit Kaufware abrunden oder nicht?

Seifen, Salben, Süßwaren: Im Imkereifachhandel wird eine große Anzahl von Produkten rund um das Thema Honig angeboten. Sie werden als gute Zusatzgeschäfte neben Ihrem Honigverkauf beworben. Maximal ein Drittel Ihrer Nettoumsätze dürfen Sie aus dem Verkauf dieser Zusatzartikel erzielen.

Liegen Ihre Nettoumsätze darüber oder übersteigen Sie die Grenze von 51.500 €, dann verlieren Sie nach einer Entscheidung des Bundesfinanzhofes vom 25. März 2009 (Az.: IV R 21/06) den Status eines landwirtschaftlichen Betriebes und werden als Gewerbebetrieb, das heißt als Einzelhändler, eingestuft.

Wenn Sie aber nur wenig Honig haben und Ihr Sortiment durch zugekaufte Ware auffüllen, ist das erlaubte Drittel rasch überschritten. Daher gilt generell: Seien Sie sehr vorsichtig beim Verkauf von zugekaufter Ware. Bedenken Sie auch, dass Sie mit nicht selbst hergestellten Produkten Ihr Profil als Imker verwässern.

Checkliste

Ist meine Rechnung korrekt gestellt?

Unabhängig wie viel Honig Sie produzieren, wie viele Völker Sie haben und ob Sie die Bienenhaltung nur als Hobby betreiben: Sobald Sie Honig auf Rechnung verkaufen, sind Sie unternehmerisch tätig. Sie sind verpflichtet, eine korrekte Rechung zu stellen, damit Ihr Kunde seine Auslagen auch als Betriebsausgabe geltend machen und Vorsteuer ziehen kann. Ihre Rechnung ist in der Buchhaltung Ihres Kunden ein Beleg und für diesen gelten bestimmte Anforderungen, die Sie erfüllen müssen. Mit dieser Checkliste überprüfen Sie, ob Ihre Rechnung den acht Anforderungen der Finanzverwaltung genügt.

Die Rechnung enthält ...

❑ meinen vollständigen Namen und die vollständige Anschrift meiner Imkerei,

❑ den vollständigen Namen und die vollständige Anschrift meines Kunden,

❑ meine Steuernummer oder USt-ID-Nummer,

❑ ein Ausstellungsdatum,

❑ eine (nur einmal vergebene) Rechnungsnummer,

❑ die Menge und die Art der gelieferten Ware (zum Beispiel: 3 x Sommerblüte 500 g),

❑ den Zeitpunkt der Lieferung (zum Beispiel: geliefert am ...),

❑ den anzuwendenden Steuersatz (7 % oder 10,7 % MwSt. für landwirtschaftliche Produkte bei Pauschalierung) oder – im Fall einer Steuerbefreiung – einen Hinweis darauf, dass für die Lieferung eine Steuerbefreiung gilt, weil Sie ein Kleinunternehmer sind.

Auswertung

Sind alle diese Angaben auf Ihrer Rechnung? Dann nichts wie ab in die Post mit ihr!

So halten Sie das Finanzamt ruhig

Viele Imker treibt die Angst vor dem Finanzamt zu einer für Außenstehende unverständlichen Geheimnistuerei. Grundsätzlich gilt: Gewinne sind zu **versteuern**. Während Sie zum Beispiel als Angestellter in Ihrem Hauptberuf Einkünfte aus unselbstständiger Arbeit und als Vermieter Einkünfte aus Vermietung und Verpachtung erzielen, sind die Gewinne aus Ihrer Imkerei „Einkünfte aus Land- und Forstwirtschaft (LUF)" und also solche bei Ihrer Einkommensteuererklärung mit anzugeben.

Doch keine Sorge, in der Praxis brauchen Sie nicht jeden an einem Glas Honig verdienten Euro dem Fiskus zu melden. Das liegt an den **Faustzahlen**, mit denen die Steuerverwaltung arbeitet. Vereinfacht ausgedrückt besagen diese, dass zum Beispiel ein Bäcker aus einem Sack Mehl eine Anzahl von X Broten herstellt, die er zum Preis Y verkauft und damit einen Gewinn von Z € erwirtschaftet. Dieser muss dann in der Steuererklärung auftauchen.

So ähnlich verfährt das Finanzamt auch bei Imkern. Bis zu einer **Anzahl** von rund 25 bis 29 **Völkern** wird angenommen, dass eine Imkerei unwirtschaftlich arbeitet und daher keine Gewinne abwirft. Tut Sie es aber doch, dann sind Sie eigentlich aufgefordert, dies in Ihrer Steuererklärung entsprechend anzugeben. Allerdings machen Sie weder sich noch Ihrem Finanzamt eine Freude damit. Was die LUF betrifft, sind städtische Finanzbehörden erfahrungsgemäß überfordert. Wenn Sie Glück haben, gibt es einen einzigen Mitarbeiter, der sich etwas damit auskennt. Doch spätestens beim Thema Imkerei ist er, da er sich sonst meist nur mit Pferdehöfen beschäftigt, überfragt.

Ähnlich sieht es auch mit Steuerberatern in der Stadt aus. LUF kennen diese nur aus der Ausbildung. Klienten aus dieser Branche haben sie in der Regel keine. Trotzdem ist die Materie interessant. Falls Sie tiefer einsteigen möchten, wenden Sie sich am besten an eine sogenannte **Landwirtschaftliche Buchstelle**. Das ist eine **Steuerberatung** für Landwirte (siehe Seite 171).

Bioimkerei in der Stadt – geht das?

Weil Lohas Wert auf Nachhaltigkeit und Gesundheit legen, werden Sie sehr rasch mit der Frage nach der Qualität Ihres Honigs konfrontiert: „Ist das Bio-Honig?". Ein Landbewohner würde Sie so etwas nie fragen. Bio und Stadt schließen sich für ihn aus: all die Autos, Häuser, Straßen und Fabriken …

Doch nach den Vorgaben der **EU-Öko-Verordnung** dürfen Bio-Bienen selbstverständlich auch in der Stadt gehalten werden. Von den Behörden können allerdings Sperrgebiete eingerichtet werden, in

Stellen Sie die Weichen frühzeitig

Falls Sie planen, irgendwann auf die ökologische Betriebsweise umzustellen, sollten Sie von Anfang an **ausschließlich** Bio-Mittelwände verwenden und dies auch dokumentieren. Ansonsten sind Sie bei der Umstellung gezwungen, den **gesamten** Wabenbau zum Beispiel durch die Bildung von Kunstschwärmen zu erneuern. Nähere Informationen erhalten Sie bei der Zertifizierungsstelle ABCERT (siehe Seite 171).

denen ökologische Bienenhaltung nicht erlaubt ist; zum Beispiel in der Nähe von emissionsintensiven Industrieanlagen, Mülldeponien und Verkehrsballungszentren.

Als Bio-Honig dürfen Sie Ihren Honig aber nur vertreiben, wenn Sie von einer **Zertifizierungsstelle** in Hinblick auf die Einhaltung der EU-Öko-Verordnung überprüft wurden. Diese will dann auch genau wissen, wo Ihre Bienen stehen. Sie wird Sie gegebenenfalls auf ein Sperrgebiet hinweisen. Ansonsten haben Sie noch folgende **Bedingungen** zu erfüllen, um mit der Bezeichnung „Bio" werben zu dürfen:

- Fütterung ausschließlich mit Bio-Futter (Zucker, Sirup, Futterteig).
- Verwendung von Mittelwänden aus Bio-Wachs.
- Bienenwohnungen aus Holz. Styropor-Beuten sind nicht erlaubt!
- Keine Königinnen mit zur Schwarmverhinderung beschnittenen Flügeln.
- Behandlung gegen Milben nur mit organischen Säuren wie Ameisen-, Oxal- oder Milchsäure.

So halten Sie Ihre Bienen satt und gesund

Gesundheit ist mehr als das Fehlen von Krankheit. Gesunde Bienen sind voll leistungsfähig und können all ihre Aufgaben im Stock und außerhalb des Bienenvolkes erfüllen. Die Summe aller Bienen ist das Bienenvolk. Dieser soziale Organismus gilt als gesund, wenn er – so der angesehene Bienenforscher Dr. Jost H. Dustmann aus Celle – „aufgrund der eigenen Abwehrmechanismen dem fortwährenden Druck von Krankheitserregern erfolgreich standhält und die Harmonie im Bienenvolk gewahrt bleibt."

Wie sich Bienen gegen Krankheiten wehren

Um diesem Druck der Keime standzuhalten, haben Bienen im Laufe der Evolution Mechanismen entwickelt, die den Ausbruch von Krankheiten hemmen. Die Bienen

- haben eine Blase, in der sie große Mengen von Kot sammeln können. Wenn das Wetter es zulässt, fliegen sie aus und erleichtern sich. Sie verschmutzen auf diese Weise nicht ihren Stock.
- sammeln und produzieren antibiotisch wirkende Stoffe, wie die Propolis. Damit kleiden sie ihre Bienenwohnung aus und desinfizieren sie auf diese Weise.
- sind sehr reinlich und ständig mit dem Putzen ihres Wabenbaus beschäftigt.

Gesunde Völker mit vitalen Bienen lassen das Herz jedes Imkers höher schlagen.

- vermehren sich durch Schwärme. Diese errichten einen völlig neuen, unbelasteten Wabenbau.
- verjüngen und reproduzieren sich fortwährend, im Sommer innerhalb von vier Wochen. Das heißt, die vielen jungen Bienen sorgen für ein gutes Gesundheitsniveau.
- verlassen instinktiv den Bienenstock, wenn sie erkrankt sind.

Sie sehen: Ihre Bienen haben von Natur aus die besten Voraussetzungen, um gesund zu bleiben. Wenn Sie diese natürlichen Verhaltensweisen durch gute Pflege unterstützen, werden Sie selten Ihre Bienen durch eine Krankheit verlieren.

Schaffen Sie ein gesundes Umfeld für Ihr Volk

Es gibt viele Einflussfaktoren für die Gesundheit Ihrer Bienen. Im Gegensatz zu Landimkern sind Sie in der Stadt vor Pflanzenschutzmitteln sicher. Auch das tendenziell wärmere Klima und die hervorragenden Trachtbedingungen bekommen Ihren Bienen gut.

Aber werden Sie auch selbst aktiv. Mit den folgenden Tipps haben Sie es selbst in der Hand, ein optimales Umfeld für Ihre Bienen zu schaffen.

- Stellen Sie Ihre Bienen an einem guten Standort auf: trocken, sonnig und windgeschützt.
- Schauen Sie sich Ihre Bienen und die Brut bei jedem Eingriff genau an. Achten Sie auf mögliche Krankheitsanzeichen, zum Beispiel Bienen mit verkrüppelten Flügeln, Milben, ein löchriges Brutnest, Kalkbrutmumien oder fehlende Stifte.
- Sorgen Sie dafür, dass Ihre Bienen während der Saison nie hungern müssen. Achten Sie auf einem Mindestfutterreserve von 5 kg. Fühlen sich Ihre Bienenvölker beim Anheben ungewöhnlich leicht an, könnten sie unter Futtermangel leiden. Schauen Sie nach. Bestätigt sich der Verdacht, sollten Sie Ihre Bienen sofort Notfüttern, indem Sie einen großen Löffel voll von hart kandiertem Honig direkt auf die Rähmchen über dem Bienensitz verteilen.
- Geben Sie Ihren Bienenvölkern genug Raum zum Wachsen und engen Sie schrumpfende Völker ein.
- Verfüttern Sie nur eigenen Honig und Zuckerwasser/-sirup oder -teig. Füttern Sie keinesfalls fremden Honig. Lassen Sie die Bienen keine Gläser mit fremdem Honig auslecken. Besonders gefährlich für die Gesundheit Ihrer Bienen ist importierter Supermarkthonig.
- Tauschen Sie jedes Jahr mindestens ein Drittel der Waben im Bienenvolk aus, indem Sie Ihren Bienen im Frühjahr mindestens zehn Mittelwände zum Ausbauen geben.

- Schneiden Sie den Baurahmen immer dann aus, wenn die meisten Zellen des Drohnenbaus verdeckt sind. Sie entnehmen dem Volk damit nicht nur viele Varroa-Milben, Sie regen auch den Bautrieb an. Die Bienen schwitzen Wachs und ähnlich wie bei schwitzenden Menschen in der Sauna ist dies gut für die Gesundheit.
- Sortieren Sie verkotete oder verschimmelte Waben aus, denn Sie können krankmachende Keime enthalten.
- Halten Sie ausgeschleuderte Waben unter Verschluss. Besonders im Spätsommer stürzen sich Ihre Bienen sonst darauf und lernen auf diese Weise, dass sie durch Räuberei einfacher an Honig kommen als durch mühsames Suchen und Sammeln.
- Kontrollieren Sie den Milbenbefall und machen Sie Bedarf eine Zwischenbehandlung, um die Milbenbelastung Ihrer Völker zu reduzieren.
- Nehmen Sie Kontakt zu Ihren Nachbarimkern auf und sprechen Sie mit ihnen ab, wann sie gegen die Varroa-Milbe behandeln. So verhindern Sie, dass bereits entmilbte Völker wieder erkranken, weil die mit Milben belasteten Bienen Ihres Nachbars bei Ihren eigenen Bienen Unterschlupf finden (sogenannte Reinvasion).
- Stellen Sie die Bienentränke seitlich von den Fluglöchern auf. Sonst besteht die Gefahr, dass abkotende Bienen ihre Exkremente über der Bienentränke fallen lassen und sie verunreinigen.
- Achten Sie darauf, dass bei Wind keine Äste gegen die Beuten schlagen.
- Züchten Sie nur von gesunden und vitalen Völkern nach.

Verhindern Sie den Ausbruch der wichtigsten Bienenkrankheiten

Vorbeugender Gesundheitsschutz ist besser als das nachträgliche Kurieren. Das gilt auch für Ihre Bienen. Durch eine gute fachliche Praxis fördern Sie nicht nur den allgemeinen Gesundheitszustand Ihrer Bienen, Sie beugen auch gegen die wichtigsten Bienenkrankheiten vor. Hier sind die wichtigsten Bienenkrankheiten in der Reihenfolge der Häufigkeit mit der sie auftreten. Es geht hier um Parasiten, soziale Defizite, Pilze, Viren und Bakterien.

Varroose – So schützen Sie Ihre Bienen vor den kleinen Killermilben

Seit Anfang der 1980er Jahre kämpfen Bienen und Imker mit der ursprünglich nur in Südostasien beheimateten Varroa-Milbe (*Varroa destructor*). Das nur rund 1,6 Millimeter große Spinnentier beißt sich, vergleichbar mit einem Blutegel bei Säugetieren, an Bienen und deren Brut fest. Durch die Bisswunden werden die Bienen anfällig für

Varrroamilben in ver-
schiedenen Entwick-
lungsstadien befinden
sich bevorzugt auf
Drohnenbrut.

allerlei Viruserkrankungen, die letztlich zum Tod eines Bienenvolkes
führen können. Da die eigentliche Entwicklung und Vermehrung der
Milbe in der verdeckelten Bienenbrut stattfindet, wird der Befall als
Brutkrankheit betrachtet.

So verhindern Sie eine Varroose-Infektion

- Stellen Sie **Schwärme** nicht am gleichen **Standort** wie Ihre übrigen
  Bienenvölker auf. Falls dies wegen Platzmangels nicht möglich ist,
  besprühen Sie den Bienenschwarm innerhalb einer Woche zweimal mit Milchsäure. Die gebrauchsfertige 15 %ige Lösung erhalten
  Sie im Imkereifachhandel. Zum Besprühen benutzen Sie am besten einen Blumensprüher.
- Besprühen Sie Ihre **Brutableger** mit der Milchsäurelösung, sobald
  alle Brut der alten Königin geschlüpft und die Brut der jungen
  Königin noch nicht verdeckelt ist.
- Halten Sie die Fluglöcher Ihrer **schwächeren Völker** klein. Räu-
  bernde Bienen können schwächere Völker, zum Beispiel Ableger,
  überfallen und diese völlig ausplündern, sodass sie zugrunde
  gehen. Ist das schwächere Bienenvolk von der Varroa-Milbe befallen, wechseln auch Milben auf die räubernden Bienen. Sie bringen
  diese mit in ihren Stock und infizieren damit ihre eigene Brut. Aus
  dem starken wird so ein schwaches Volk und so kann ein Volk
  nach dem anderen durch **Räuberei** und Varroa-Milben zusammen-
  brechen.

Wie Sie die **Varroose** erfolgreich **bekämpfen**, erfahren Sie ab
Seite 122.

Räuberei

Wenn die Trachtquellen nach der Lindenblüte schlagartig nachlassen, ist ein Bienenvolk auf der Höhe seiner Entwicklung. Viele nun **unterbeschäftigte Sammlerinnen** suchen nach Essbarem. Daher stürzen sie sich auf jeden Honigtropfen, den sie während der Tracht nicht angerührt hätten.

Frischer Nektar ist ihnen grundsätzlich lieber als alter Honig. Nach der Lindentracht ändert sich diese Vorliebe allerdings radikal. Dieses Verhalten wird als **Räuberei** bezeichnet. So verhindern Sie diese:

Tipp

Durch die Essigsäurebehandlung töten Sie gleichzeitig die Sporen einer Nosemose genannten Durchfallerkrankung ab (siehe Seite 119).

- Engen Sie die Fluglöcher Ihrer schwächeren Völker auf einen Spalt von 2 bis 3 cm ein. Dazu können Sie das Fluglöch mit einem Stück Schaumstoff oder einem Stück zusammengerollter Zeitung verengen. Sie versetzen dadurch die Bienen des Ablegers in die Lage, ihr Fluglöch gegen Eindringlinge besser verteidigen zu können.
- Sanieren Sie schwache oder weisellose Völker vor Beginn der trachtlosen Zeit, indem Sie diese mit anderen vereinigen.
- Arbeiten Sie zügig an Ihren Bienen und schließen Sie den Deckel Ihrer Bienenkästen so schnell wie möglich wieder. So verhindern Sie, dass andere Bienen angelockt werden. Sie reduzieren außerdem die Unruhe, die jeder Eingriff mit sich bringt.
- Stellen Sie im Freien keine Geräte wie zum Beispiel eine Schleuder oder Entdeckelungsgeschirre auf, um sie von den Bienen auslecken zu lassen. Sie können aber Ihr Entdeckelungswachs oder Ihre Siebe in eine leere Zarge über einen Bienenstock stellen und so innerhalb des Bienenvolks reinigen lassen.
- Achten Sie beim Füttern darauf, dass kein Bienenfutter verkleckert wird. Wischen Sie Futterpfützen mit viel Wasser weg.
- Verschließen Sie die Fluglöcher von eingegangenen Bienenvölkern, damit suchende Bienen keine eventuell mit Krankheitserregern belasteten Honigvorräte ausräubern.

Wachsmotten

Wachsmotten fliegen durch Nektar- und Pollenduft angelockt in die Beuten Ihrer Bienen und legen dort Eier. Die daraus schlüpfenden Larven ernähren sich von Pollenresten und den Nymphenhäutchen (Kokons) geschlüpfter Bienen. Kurz vor der Verpuppung fressen sich die Raupen sogar durch das Holz von Beutenwänden, sodass diese dauerhaft beschädigt werden.

Der unter Umständen ziemlich große Schaden für den Imker besteht vorrangig darin, dass die Wachsmotten den Wabenbau zerstören und die Rähmchen durchlöchern. Gegen Wachsmotten können Sie Folgendes unternehmen:

- Schmelzen Sie Altwaben, vor allem solche mit Pollenresten innerhalb einer Woche nach ihrer Entnahme aus den Völkern ein. Hilfreich ist hierfür ein Sonnenwachs- oder Dampfwachsschmelzer.
- Schwefeln Sie dunkle Waben. Schwefelschnitten und eine Schwefeldose erhalten Sie im Imkereifachhandel. Legen Sie zur Wärmedämmung unter und auf die Dose eine Keramikfliese, denn die Dose kann heiß werden.

Beachten Sie

Wachs und Holz sind leicht brennbar. Daher sollten Sie Ihren Wabenvorrat nur unter Aufsicht schwefeln. Statt des Schwefels können Sie auch Essigsäure verdunsten: Schneiden Sie einen 1-Liter-Tetrapack rund 5 cm über dem Boden auf. Füllen Sie diesen Teil mit 60 %iger Essigsäure und stecken Sie einen quadratischen Bierfilz als Dochtersatz diagonal in die Tetrapack-Schale. Stellen Sie diese auf die oberste Zarge eines Zargenturmes. Solange die Essigsäuredämpfe im Zargenturm wabern, ist die Entwicklung der Wachsmotte gehemmt. Füllen Sie die Schale alle 14 Tage nach, bis die Tagestemperaturen regelmäßig unter 10 °C liegen. Dann kann sich die Wachsmotte nicht mehr entwickeln.

Weisellosigkeit

Normalerweise hat jedes Bienenvolk eine Königin. Es ist dann im imkerlichen Sprachgebrauch **weiselrichtig**. Das Volk ist ruhig und zeigt Sammeleifer. Doch durch ungeschickte imkerliche Eingriffe oder durch Unstimmigkeiten zwischen Arbeiterinnen und Herrschaft kann ein Bienenvolk seine Königin verlieren.

Ist das passiert, erkennt der geübte Imker dies bereits daran, wie sich seine Bienen am Flugloch verhalten. Laufen die Bienen unruhig hin und her, statt wie auf einem Flugzeugträger regelmäßig zu starten

Wichtig

Werden die Nachschaffungszellen ausgebrochen, ist das Volk „hoffnungslos weisellos": Es hat weder eine Königin noch offene Brut und damit überhaupt keine Chance, sich eine neue Stockmutter nachzuziehen.

Wenn Sie in einer solchen Situation nicht handeln, ist dieses Bienenvolk verloren.

und zu landen, lohnt sich ein Blick in das **Brutnest**. Sehen Sie die Königin, ist alles in Ordnung und der Anschein hat getrogen. Finden Sie aber weder die Königin noch frische Stifte, also frisch gelegte Eier, sondern **Nachschaffungszellen**, dann ist das Volk weisellos. Die Nachschaffungszellen wachsen mitten aus den Bereichen mit Brut heraus. Sie sehen aus wie kleine Fichtenzapfen aus Wachs. Die Nachschaffungszellen sind ein Selbstheilungsprozess. Durch diese züchtet sich das Volk aus einer Arbeiterinnenlarve eine **junge Königin** nach.

Leider kommt es aber immer wieder vor, dass Anfänger die Nachschaffungszellen für Schwarmzellen halten und ausbrechen. Schwarmzellen sehen zwar genauso aus, doch sie befinden sich am Rand der Rähmchen. Oft ragen sie über den Unterträger der Rähmchen der oberen Brutzarge hinaus.

So helfen Sie Ihren Bienen bei Weisellosigkeit

Besteht die Weisellosigkeit erst kurz, hat das Volk noch viel verdeckelte Brut. Hängen Sie dem Volk eine Wabe mit jüngster Brut aus einem anderen Volk zu. Dann können Sie es sich selbst überlassen. Es wird einige Maden zu Jungköniginnen heranpflegen. Kontrollieren Sie nach zwölf Tagen, ob eine Königin geschlüpft ist. Wenn ja, kontrollieren Sie erneut nach zwei Wochen, ob Sie Stifte entdecken können. Hat auch dies geklappt, dann haben Sie ein erfolgreich verjüngtes Volk!

So helfen Sie Ihren Bienen bei hoffnungsloser Weisellosigkeit

Schlüpft keine Königin oder finden Sie zwei Wochen später keine Stifte, können Sie das Volk nur retten, indem Sie ihm eine begattete und stiftende **Königin zusetzen**. Diese können Sie bei einem Züchter oder einem Kollegen aus dem Imkerverein kaufen. Die Preise liegen bei rund 20 € pro Königin.

Lassen Sie sich die Königin vom Verkäufer gleich in einem Versand- oder Zusetzkäfig geben. Nehmen Sie einen etwa haselnussgroßen Klumpen Futterteig, zum Beispiel Apifonda aus dem Imkereifachhandel, auf den Zeigefinger. Schieben Sie den Boden des Käfigs mit der Königin rund 8 mm auf. Verschließen Sie den Spalt sofort mit dem Zuckerteig. Legen Sie den Käfig anschließend auf die Oberträger der obersten Brutzarge ihres Volkes. Achten Sie darauf, dass er so liegt, dass die Bienen an den Zuckerteigverschluss gelangen, ihn auffressen und die Königin dadurch befreien können. Nach einem Tag entnehmen Sie den sauber geleckten, leeren Käfig. Diese Methode funktioniert immer!

So helfen Sie Ihren Bienen bei Drohnenbrütigkeit

Ist ein Bienenvolk einen Monat lang weisellos, können Sie plötzlich wieder frische Brut im Volk erkennen. Doch wie sieht diese aus! In verschiedenen Zellen befinden sich Eier, die unordentlich an den Rand

Legt die Königin in solche Näpfchen ein Ei, dann ziehen die Bienen darin eine Jungkönigin auf.

geklebt sind. Oft finden Sie mehrere Eier in einer Zelle, die wie ein Haufen Mikadostäbchen wüst durcheinander liegen. Es sind die Eier von einigen Arbeiterinnen, die zu Not- oder Afterköniginnen wurden. Da sie aber nie auf Hochzeitsflug waren und daher keinen Spermavorrat haben, schlüpfen aus den **unbefruchteten Eiern** nur Drohnen.

Eigentlich waren die Drohnenmütterchen als ursprüngliche Arbeitsbienen von der Natur für andere Aufgaben vorgesehen. Nun wurden sie in einen Job gedrängt, für den sie nicht geschaffen sind – daher die Unordnung. Sind die Zellen bereits verdeckt, ist das Brutnest chaotisch, buckelig und löchrig. Manchmal finden sich dort extrem langgezogene Zellen. Sie erinnern an Nachschaffungszellen, doch drinnen stecken nur Drohnen.

Drohnen sichern zwar die Erhaltung der Gene, doch nicht den Fortbestand des Bienenvolkes. Jetzt ist es fast unmöglich, dem Volk noch eine Königin zuzusetzen. Am besten, Sie lösen es auf.

Dazu verstellen Sie den Kasten mit dem betroffenen Volk auf einen Platz wenige Meter vom Bienenstand entfernt. Ziehen Sie eine

Tipp

Nutzen Sie die Weisellosigkeit von Völkern für eine Zwischenentmilbung.

Dazu warten Sie den Zeitpunkt ab, an dem alle Bienen aus den verdeckelten Brutzellen geschlüpft sind. Besprühen Sie das nun brutlose Volk mit Milchsäure, die Sie gebrauchsfertig im Imkereifachhandel erwerben können. Sie tötet die auf den Bienen sitzenden Milben ab und Sie verhelfen Ihrem verjüngten Volk zu einem milbenfreien, guten Start.

Wabe und fegen Sie diese rund zehn Meter von den anderen Völkern entfernt mit dem Bienenbesen auf den Boden. So verfahren Sie mit allen bienenbesetzten Waben, bis keine Bienen des weisellosen Volkes mehr im Kasten sind. Die Insekten fliegen an ihren alten Platz zurück. Da sie dort aber ihr Heim nicht mehr finden, suchen Sie Unterschlupf bei anderen Bienenvölkern. Am Eingang werden sie genau kontrolliert. Drohnenmütterchen finden dabei keinen Einlass. Auf diese Weise verstärken die Bienen des aufgelösten Volkes Ihre anderen Völker und Sie haben nun mehr Substanz, um Ableger oder Kunstschwärme zu bilden.

Nosemose

Die Nosemose, auch Nosematose genannt, ist eine ansteckende Durchfallerkrankung der Bienen. Sie wird durch *Nosema apis*, **einzellige Parasiten**, hervorgerufen. Sie vermehren sich in den Zellen der Darmwand der Bienen und stören so die Verdauung empfindlich. Als Folge verkoten die Bienen das Wabenwerk, das Flugbrett und die Außenseite der Beute. Die Kotspuren sind hellbraun-beige. Die Erkrankung tritt häufig im Frühjahr auf.

Sie können die Nosemose verhältnismäßig leicht **diagnostizieren**: Ziehen Sie mit Daumennagel und Zeigefingerkuppe den Stachelapparat und den daran hängenden Enddarm aus dem Hinterleib einer verendeten Biene heraus. Ist der Inhalt des Enddarms weißlich glasig, so handelt es sich mit großer Wahrscheinlichkeit um Nosemose. Im Gegensatz dazu hat eine gesunde Biene einen gelblich hellbraunen Darminhalt.

Diese **Diät** hilft: Geben Sie Ihren Bienen etwas mit eigenem Honig aufgebessertes Zuckerwasser.

Ruhr

Auch die Ruhr ist eine Darmerkrankung, aber im Gegensatz zur Nosemose nicht ansteckend. Die **Kotspuren**, die die Bienen an den Waben und den Außenseiten der Beute hinterlassen, sind hier dunkelbraun.

Ursache ist oftmals eine gestörte Winterruhe der Bienen durch Erschütterungen der Beute zum Beispiel durch schlagende Äste oder Attacken von hungrigen Vögeln oder Mäusen. Auch schwer verdauliches Winterfutter, zum Beispiel Heide-, Wald- oder Melezitosehonig, kann bei den Bienen zur Ruhr führen. Bei einem feuchten Überwinterungsstandort kommt die Erkrankung häufiger vor als bei Bienen, die im Winter sonnig stehen und mit Zuckerwasser eingefüttert wurden. Auch weisellose Völker überwintern unruhiger, verbrauchen somit mehr Futter und erkranken häufig an Ruhr.

Alle diese Ursachen führen dazu, dass die Bienen mehr Futter fressen, als ihnen bekommt. Dadurch füllt sich ihre **Kotblase** so sehr, dass sie fast nicht mehr an sich halten können. Kommt dann noch eine lange Kälteperiode hinzu, welche die Bienen am Ausflug hindert, müssen sie sich notgedrungen in der Beute oder direkt neben der Beute erleichtern.

Am besten **beugen Sie vor**, indem Sie Ihre Bienen im Herbst mit dünnflüssiges Zuckerwasser oder -sirup auffüttern. **Verhindern** Sie außerdem jede **Störung** in der Winterruhe, indem Sie als Schutz gegen gegen Mäuse ein engmaschiges Drahtgitter vor oder in das Flugloch und in den Unterboden legen. Gegen Vogelattacken hilft ein über die Beuten gespanntes Vogelnetz, mit dem Gartenbesitzer ihre erntereifen Kirschbäume vor Staren und Amseln schützen.

Kalkbrut

Finden Sie im späten Frühjahr auf dem Gitter im Boden einer Beute kleine, schwarz-graue runde Steinchen, die an Splitt erinnern, hatte oder hat dieses Volk eine Pilzerkrankung: die Kalkbrut. Die jungen Maden werden von dem Erreger *Ascosphaera apis* befallen und sterben. Sie fallen aus den Zellen heraus oder werden von den Arbeiterinnen ausgeräumt. Ist die Krankheit noch nicht abgeklungen, klappern noch versteinerten Mumien in den Zellen.

Befallen werden vor allem **schwächere** Völker, die an einem ungünstigen, schattig-feuchten Standort stehen. Oft reicht es schon, das betroffene Volk an einen sonnigen Platz umzustellen. Beobachten Sie keine Besserung, setzen Sie dem Volk eine junge Königin zu. Spätestens dann erholt es sich rasch und Sie haben wieder Ihre Freude daran.

Amerikanische Faulbrut

Von der Faulbrut gibt es zwei Arten, eine gutartige und eine bösartige. Die bösartige Variante wird auch „Amerikanische Faulbrut" genannt. Ist die Krankheit ausgebrochen, muss der Bienenstand des betroffenen Imkers unter **amtstierärztlicher Aufsicht** saniert werden. Das heißt in vielen Fällen, dass alle Bienen getötet und zusammen mit den Rähmchen und dem Wachs verbrannt werden.

Wichtig

In der älteren Literatur werden ausführlich die Symptome der Faulbrut (löchriges Brutnest, Gestank und eingefallene Zellendeckel mit einem Loch in der Mitte und einem fadenziehenden Inhalt beschrieben. Dieses Krankheitsbild trifft nur für den Erreger ERIC I zu. Seit einigen Jahren kommt auch der ungleich schwerer zu diagnostizierende Typ ERIC II vor. Er ist nur an einem löchrigen Brutnest zu erkennen. Da dieses aber meistens ganz andere Ursachen hat wie Wetterumschwung, eine ältere oder schlecht begattete Königin, wird Faulbrut des Typs ERIC II nicht erkannt. Dies ist nur im Labor möglich. Lassen Sie also unbedingt Ihre Völker einmal jährlich auf Faulbrut untersuchen.

Faulbrut ist der Alptraum jedes Imkers und seiner Nachbarn, denn der **Amtsveterinär** bestimmt ein **Sperrgebiet** rund um den befallenen Stand. In diesen dürfen keine Bienen hinein- und heraustransportiert werden. Wer an Faulbrut erkrankte Bienen hat, macht sich in Imkerkreisen nicht beliebt. Darum unternehmen Sie alles, damit Sie nicht eines Tages selbst davon betroffen sind!

- Importieren Sie keine Bienen.
- Kaufen Sie Bienenvölker am besten nur von Nachbarimkern oder aus einer Region, von der Sie wissen, dass dort Faulbrutfälle nicht regelmäßig auftreten.
- Erwerben Sie nur Bienen mit einem aktuellen Gesundheitszeugnis. Bestehen Sie auf dem Ergebnis einer Futterkranzprobe (siehe Seite 51), denn durch diese können Krankheitserreger im Volk bereits erkannt werden, bevor die Krankheit ausgebrochen ist.
- Nehmen Sie jedes Jahr eine Futterkranzprobe. Über Ihren Imkerverein können Sie die Probe kostenlos, das heißt öffentlich finanziert, untersuchen lassen. Sollten Sporen gefunden werden, lassen sich die Völker relativ leicht sanieren, ohne getötet werden zu müssen.
- Animieren Sie Ihre Nachbarimker, ihre Völker ebenfalls untersuchen zu lassen. Lassen Sie gängige Ausreden, sich um die Untersuchung zu drücken, nicht gelten wie „starke Völker werden mit der Faulbrut alleine fertig" oder „so ein bisschen Faulbrut hat doch jeder". Bricht bei einem Ihrer benachbarten Imkerkollegen diese Krankheit aus, wird auch Ihr Bienenstand gesperrt, das heißt: keine Besucher, kein Bienenverkauf und keine Wanderung.
- Falls Sie mit Ihren Bienen wandern, informieren Sie sich beim zuständigen Amtsveterinär vor Beginn der Wanderung über den Faulbrutstatus Ihres möglichen Wandererplatzes.

- Bauen Sie Ihren Wanderstand nicht in der Nähe von dörflichen Siedlungen auf. Möglicherweise gibt es dort veraltete Bienenstände (Hinterbehandlung) mit schwachen Bienenvölkern, die Ihre vitalen Stadtbienen geradezu zum Räubern einladen. Wer weiß, wann jene zum letzten Mal auf Faulbrut untersucht worden sind.

So bekämpfen Sie die Varroa-Milbe erfolgreich

Gegen alle Bienenkrankheiten können Sie Ihre Bienen schützen, aber nicht gegen die Varroose. Milbenfreie Völker gibt es nur kurz nach einer Milbenbehandlung. Schon wenige Tage später beginnt die Milbe, sich erneut in den Bienenvölkern breit zu machen. Daher ist es nur möglich, sie zu bekämpfen und den Befall unter einem für Ihre Bienen gefährlichen Niveau, der Schadschwelle, halten.

Erkennen Sie, wann eine Behandlung nötig ist
Varroabefall oberhalb der Schadschwelle erkennen Sie bereits mit dem bloßen Auge.

- Die Milben hängen gut sichtbar an den Leibern der erwachsenen Bienen. Zudem fallen Bienen mit missgebildeten Flügeln auf.
- Die Bienenbrut ist löchrig. Wenn Sie verdeckelte Zellen vorsichtig öffnen, sehen Sie auf den Puppen hellbraune Milben sitzen.
- Es fallen mehr als fünf Milben pro Tag. Schieben Sie eine Windel genannte Platte oder ein Blatt weißes Papier (siehe auch Seite 61) unter den Gitterboden. Warten Sie einige Tage und zählen Sie dann die Milben. Dividieren Sie die Anzahl der gefallenen Milben durch die Anzahl der Tage, die seit dem Unterschrieben der Windel vergangen sind.

Stellen Sie eine Überschreitung der Schadschwelle von 5 Milben/Tag fest, ist eine Behandlung laut Bienenseuchenverordnung verpflichtend.

Bedenken Sie

Völker mit einem Milbenbefall oberhalb der Schadschwelle sind auch eine Gefahr für alle anderen Bienenstöcke in Ihrer Nachbarschaft, denn die letzten noch lebenden und hochgradig mit Milben verseuchten Bienen bilden einen Notschwarm. Dieser vereinigt sich mit einem unter Umständen relativ gesunden Volk in seiner Umgebung und infiziert dieses mit Tausenden von Milben.

Entscheiden Sie sich für ein Bekämpfungskonzept

Die Milbe ist eine Geißel für die Imkerei. Daher wird an vielen Stellen geforscht und experimentiert, um sie loszuwerden. Um den Milbenbefall wirklich unter die Schadschwelle zu drücken, sollten Sie sich für ein bewährtes und in der Praxis handhabbares Bekämpfungskonzept entscheiden. Generell gilt: Wenden Sie die Mittel nicht während der Tracht an. Die folgenden Mittel stehen zur Auswahl und haben sich als wirkungsvoll erwiesen.

Pharmazeutika

In der Apotheke erhalten Sie die Medikamente Bayvarol und Perizin zur Behandlung der Varroose. Die **Bayvarol**-Kunststoffstreifen werden direkt nach der Tracht und der Honigernte in die Wabengassen des zu behandelnden Bienenvolkes gehängt. Die Bienen krabbeln darüber und verteilen den gesamten Wirkstoff Flumethrin im Bienenvolk. Die Behandlung dauert vier bis sechs Wochen. Da viele Milben inzwischen gegen den Wirkstoff resistent sind, fahren Sie mit dem folgenden Mittel besser.

Perizin wird mit der mitgelieferten Dosier- oder einer Schwanenhalsflasche in die Wabengassen geträufelt. Der Wirkstoff Coumafos führt zu einer Lähmung und zum sicheren Tod der Varroa-Milbe. Eine einmalige Anwendung während der brutlosen Zeit im Dezember reicht, um die Milbe loszuwerden.

Ameisensäure und andere biochemische Verfahren

Die meisten Imker benutzen 60 oder 85 %ige Ameisensäure zur Bekämpfung der Varroa-Milbe. Das hat einen guten Grund: Ameisensäure wirkt auch in die verdeckte Brut hinein und kann daher sofort

Ganz einfach und preiswert ist die Ameisensäure-Behandlung mit einem Schwammtuch.

nach der Honigernte oder sogar zwischen zwei Trachten benutzt werden.

Behandeln Sie Ihre Bienen nach der Lindentracht Ende Juni/ Anfang Juli als Sommerbehandlung und nach der Auffütterung Ende August/Anfang September. Damit Ameisensäure wirkt, braucht es eine Außentemperatur von mindestens 12 °C. Es gibt viele Möglichkeiten, die Bienen mit Ameisensäure zu behandeln. Hier sind die für Stadtimker einfachsten:

Schwammtücher finden Sie bei den Putzmitteln im nächsten Supermarkt oder Discounter. Pro Volk brauchen Sie ein Tuch. Legen Sie es in kaltes Wasser und drücken Sie es aus, sodass es noch feucht ist. Dann gießen Sie 30 ml gut gekühlte Ameisensäure auf das Schwammtuch. Legen Sie es dann direkt auf die Oberträger der Rähmchen über dem Bienensitz in der obersten Brutzarge. Nach drei Tagen muss die Ameisensäure verdunstet und das Schwammtuch trocken sein. Wenn Sie nur eine Stoßbehandlung zwischen zwei Trachten durchführen, können Sie nun das Tuch entnehmen.

Für eine richtig **Sommer- oder Herbstbehandlung** sollten Sie über zehn Tage insgesamt 100 ml Ameisensäure verdunsten. Das heißt für Sie: Sie müssen innerhalb von zehn Tagen ihre Völker dreimal bearbeiten. Dieser Nachteil wird durch die vielen Vorteile der Schwammtuch-Methode aufgehoben. Das Tuch ist sehr preiswert und nimmt fast keinen Platz weg. Sie können es nach der Behandlung entnehmen und wieder verwenden – oder auch nicht. Dann zernagen Ihre Bienen das Tuch restlos und entsorgen es so. Die Reste sind biologisch abbaubar und zerfallen zu Kompost.

Den **Nassenheider Verdunster** können Sie im Imkerei-Fachhandel erwerben. Es gibt ihn in zwei Ausführungen, als Horizontal- und als Vertikal-Verdunsteter. Das Gerät besteht aus zwei Teilen, einem Tank für die Ameisensäure und einem damit verbundenen Docht in Form einer Weichfaserplatte. Der Tank hat den Vorteil, dass Sie den Verdunster nur einmal befüllen müssen und Sie den Rest dem Wetter und Ihren Bienen überlassen können. Allerdings verbraucht dieser Verdunster viel Platz, denn Sie müssen ihn vor der ersten Anwendung in ein Leerrähmchen schrauben.

Während der Horizontalverdunster nach dem gleichen Prinzip wie das Schwammtuch arbeitet, benötigen Sie beim Vertikalverdunsteter ein Exemplar pro Brutzarge, das heißt in der Regel zwei pro Bienenvolk. Für diese Geräte müssen Sie nach der Anwendung einen Aufbewahrungsplatz in Ihrer Imkerei finden.

Jeden Verdunster befüllen Sie mit 100 ml Ameisensäure. Falls Sie Vertikalverdunsteter verwenden, entfernen Sie am besten den Baurahmen und ersetzen ihn durch den Verdunster. Rücken Sie ihn so nah wie möglich an das Brutnest heran. Warten Sie zehn Tage und entnehmen ihn dann.

Oxalsäure im Dezember: Der Schutz Ihrer Bienen vor Varroa-Milben ist eine Ganzjahresaufgabe.

Oxalsäure hat sich für die **Winterbehandlung** bewährt. Sie kann nur im brutlosen Volk angewendet werden. Oxalsäure können Sie träufeln, sprühen oder verdampfen. Am einfachsten und für Sie am platzsparendsten ist das Träufelverfahren. Dazu kaufen Sie sich in der Apotheke kristalline Oxsalsäure.

Mischen Sie sich eine gebrauchsfertige Lösung nach diesem Rezept an: 35 g Oxalsäure, 1 l warmes Wasser und 200 g Zucker. Am besten nutzen Sie dafür eine leere Milchflasche, die eine breite Öffnung zum Einfüllen der Zutaten hat.

Träufeln Sie die Lösung ähnlich wie bei Perizin mit einer Schwanenhalsflasche aus dem Baumarkt oder Laborbedarf in die Wabengassen. Schwache Völker benötigen 30 ml, starke Völker 50 ml der Flüssigkeit. Falls Sie die Oxalsäurelösung nicht selbst ansetzen möch-

Arbeiten Sie vorsichtig

Säuren sind ätzend. Schützen Sie sich daher gegen Spritzer, indem Sie Gummihandschuhe (Drogerie) und eine Schutzbrille (Baumarkt) tragen. Halten Sie stets einen Eimer oder Kanister Wasser bereit, mit dem Sie Spritzer sofort abwaschen können. Wenn Sie mit kristalliner Oxalsäure arbeiten, ist außerdem eine Atemschutzmaske zwingend notwendig, denn die Kristalle sind beim Einatmen giftig.

ten, können Sie auch auf ein fertiges Präparat wie „Bienenwohl" zurückgreifen.

Thymol ist ein Terpenoid und kommt als natürlicher Bestandteil im ätherischen Öl des Thymians vor. Es bewirkt, dass die Milben orientierungslos werden und von den Bienen abfallen. Thymol ist als Wirkstoff in den Präparaten Apiguard, Thymovar und ApiLifeVar enthalten, die Sie über Ihre Apotheke oder den Fachhandel beziehen können. Bezugsadressen finden Sie in der Imkerpresse.

Was bedeutet zugelassen/nicht zugelassen?

Wenn Sie sich mit Varroa-Medikamenten beschäftigen, werden Sie ganz schnell auf die Unterscheidung zwischen zugelassenen und nicht zugelassenen Bienenarzneien stoßen. 60 %ige Ameisensäure ist zum Beispiel zugelassen, 85 %ige nicht. Die Arzneimittelzulassung ist ein **Genehmigungsverfahren**, mit dem verhindert werden soll, dass wirkungslose oder gefährliche Medikamente in den Handel kommen. Angesichts der niedrigen Verbrauchszahlen, des geringen Preises der Säuren und geringen Geldwerts eines Bienenvolkes lohnt sich für organische Säuren das teure und aufwendige Zulassungsverfahren nicht.

In der imkerlichen Praxis hat diese Unterscheidung ohnehin keine Bedeutung. Sie dürfen und können auch nicht zugelassene Medikamente kaufen und anwenden, weil die Verwendung der organischen Säuren in nicht zugelassenen Konzentrationen von der Lebensmittelaufsicht in der Regel geduldet wird.

Drohnenbrut entnehmen

Auch durch die Art und Weise, wie Sie Ihre Völker führen, können Sie die **Belastung** mit Milben **reduzieren**. Wenn Sie ab dem Frühjahr mindestens dreimal verdeckelte Drohnenbrut ausschneiden, senken Sie die Anzahl der Milben im August um 50 %. Die Brut der männlichen Bienen wird gegenüber der Arbeiterinnenbrut fünf- bis zehnmal stärker befallen. Das hängt damit zusammen, dass der Brutzyklus der Drohnen sehr gut mit dem Vermehrungszyklus der Milben harmonisiert.

Für das Drohnenschneiden hängen Sie den **Baurahmen** in das Brutnest, und zwar jeweils einen pro Brutzarge. Entnehmen Sie zwei bis drei Wochen später die Baurahmen mit der weitgehend verdeckelten Drohnenbrut. Schneiden Sie die Brut aus und hängen Sie den Rahmen zurück. Es darf keine Drohnenbrut zum Schlupf kommen!

Da die Bienenkönigin in den Ecken der Arbeiterinnenbrutwaben unbefruchtete Eier legt, entwickeln sich daraus immer noch genügend Drohnen, die eine Jungkönigin begatten können.

Eine Variante der Drohnenbrutentnahme ist das **Fangwaben**-Verfahren. Dazu wird in einen (Kunst-)schwarm oder brutlosen Ableger eine Wabe mit offener Drohnenbrut gehängt. Wenn diese Wabe verdeckelt ist, wird sie entnommen und ausgeschnitten. Auf diese Weise können Sie fast alle Milben aus einem brutlosen Volk herausfangen. Gleich wirkungsvoll und weniger arbeitsaufwendig ist allerdings das Besprühen mit Milchsäure.

Kontrollieren Sie den Bekämpfungserfolg

Den Erfolg Ihrer Bekämpfungsmaßnahme sollten Sie am Ausbleiben der Krankheitssymptome erkennen sowie an zahlreichen toten Milben im **Gemüll** auf der Windel. Zwischen abgenagten Zellendeckeln, herabgefallenen, glasklaren Wachsplättchen, Bienenflügeln, Bienenbeinen und Pollenkörnern finden Sie hunderte toter Milben. Allerdings sagt ein Blick ins Gemüll nichts darüber aus, wie gut Ihre Maßnahme gewirkt hat. Denn nur die **toten Milben** sind sichtbar. Die noch lebenden sitzen weiterhin auf Ihren Bienen. Beobachten Sie daher weiter. Fallen zwei Wochen nach der Behandlung immer noch mehr als fünf tote Milben am Tag, dann wiederholen Sie die Maßnahme.

Überwintern Sie Ihre Bienen mit Futter, das schmeckt

Jedes Ihrer Bienenvölker braucht bis zum nachfolgenden Frühjahr etwa 15 kg zusätzliches Futter. Davon wird das meiste nicht im Winter, sondern erst im Vorfrühling von den Bienen verzehrt.

Füttern Sie Ihre Bienen nach der letzten Tracht und einer ersten Varroa-Behandlung. Dabei können die **Futtermengen**, die Sie brauchen, erheblich **variieren**. Es gibt starke Völker, denen reichen 15 kg, weil Sie sich noch aus der Natur bedienen. Es gibt aber auch sogenannte Fleischvölker, die einen Großteil des Futters sofort in Brut

Füttern Sie mehrfach

Anders als ein Viehhalter brauchen Sie Ihre Bienen nicht täglich zu füttern. Auch können Sie das Futter in einem Schwung geben. Besser ist jedoch die Gabe in zwei bis drei Portionen. Damit haben Ihren Bienen mehr Zeit, das Futter an passenden Stellen im Bienenstock einzulagern. Außerdem halten Sie die Insekten beschäftigt.

Welches Futtermittel passt am besten zu meinen Bienen

Futtermittel	Vorteile	Nachteile
Kristallzucker	Kristallzucker ist konkurrenzlos preiswert und in jedem Supermarkt und Discounter erhältlich. Er ist leicht transportabel, da er erst kurz vor dem Einfüttern in Wasser aufgelöst wird.	Der Zucker wird im Verhältnis 3 Teile Zucker zu 2 Teilen Wasser aufgelöst. Diese Zubereitung ist mühsam, weil sich Zucker nur schwer löst. Zuckerwasser ist nicht haltbar. Wird es von den Bienen nicht angenommen, verschleimt es und muss weggeschüttet werden. Es besteht Räubereigefahr, wenn das Futter im Freien angerührt wird.
Flüssigfutter	Flüssigfutter (Apiinvert) ist gebrauchsfertig. Es gibt Abpackungen im Futtereimer. Dazu muss lediglich eine Schutzfolie abgezogen werden und das Produkt kann dem Volk ohne weiteren Handgriff gegeben werden. Es ist über mehrere Jahre lagerfähig. Wenn es auskristallisiert, können Sie es rückverflüssigen, indem Sie die volle Folienverpackung in heißes Wasser (zum Beispiel in Ihre Badewanne) legen.	Flüssigfutter ist rund 20 % teurer als Kristallzucker und nur im Imkereifachhandel erhältlich. Die Beschaffung des schweren Futters ist eine logistische Herausforderung.
Futterteig	Für Futterteig (Apifonda) brauchen Sie kein Futtergeschirr, denn der Zuckerteig ist von einem Sack aus Kunststofffolie umhüllt. Sie schneiden ihn auf und geben ihn ohne Futtergeschirr auf die Oberträger in einer Leerzarge. Sie können ihn viele Jahre lagern ohne dass er sich verändert. Es gibt ihn schon in ganz kleinen Abpackungen von nur 2,5 kg. Auch größere wie die 14 kg-Packungen sind handlich und können in der Stadt gut mit dem Fahrrad transportiert werden.	Futterteig ist deutlich teurer als Kristallzucker. Sie können ihn nur während des Sommers verwenden. Für die Fütterung nach den Spättrachten oder bei kühler Witterung ist er nicht geeignet. Er wird sehr langsam von den Bienen aufgenommen.

umsetzen. Im Winter haben Sie dann viele hungrige Bienen im Volk, aber kaum Vorräte. Versorgen Sie diese Völker mit ausreichend Futter. Und es gibt schließlich Völker, die verschmähen das gereichte Futter.

Empfehlenswert sind rund 20 kg Futter oder so viel, bis Sie sehen, dass das Volk von selbst nichts mehr nimmt. Damit signalisieren Ihre Bienen: Wir sind satt.

Die Auswahl an Futtermitteln ist überschaubar, doch nicht jedes ist gleich gut für jede Fütterungssituation geeignet. In Frage kommen

Bei all diesen Gefäßen müssen Sie Stroh, Reisig, Styroporstücke oder Korken als Schwimmhilfe auf die Oberfläche des Futters streuen.

Bienen sind schlechte Schwimmer. Ohne diese Kletterhilfen würden die hungrigen Insekten im Futter ertrinken.

vor allem Kristallzucker, Zuckersirup und Zuckerteig. In der Tabelle finden Sie alle Vor- und Nachteile dieser Futtermittel und Sie können selbst entscheiden, welches am besten zu Ihren Bienen passt.

Woraus Ihre Bienen am liebsten fressen

Im Imkereifachhandel finden Sie eine riesige Anzahl verschiedenster Fütterungsgeräte, die Sie aber überhaupt nicht unbedingt brauchen. Sie nehmen vor allem Platz weg. Flache **Eimer**, in denen Großküchen zum Beispiel Salz, Joghurt oder Ketchup geliefert bekommen, eignen sich hervorragend zu Bienenfütterung. Man kann sie in der Spülmaschine reinigen. Sie haben einen Deckel und einen Henkel für den

Füttern: offener Eimer mit Schwimmhilfen

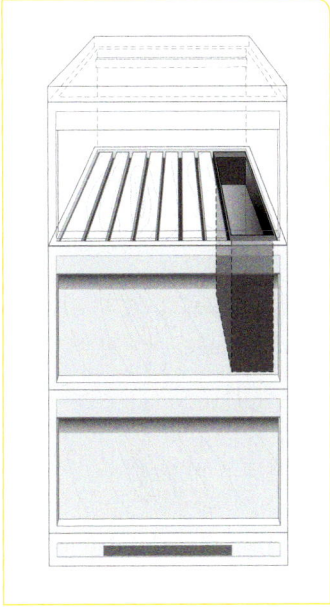

Futtertasche

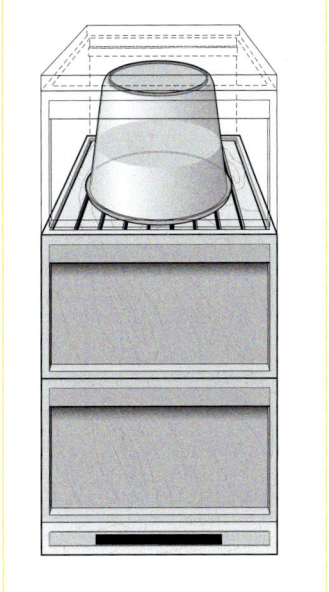

Futtereimer

Transport des Futters an den Stand. Sie fassen fünf bis sieben Liter Futter und passen in eine Leerzarge über den Bienensitz. Nach Gebrauch können sie ineinander gesteckt und so für das kommende Jahr platzsparend aufbewahrt werden. Fragen Sie einfach in der nächsten Kantine nach. Dort wird man Ihnen die Eimer gerne überlassen, weil sie sonst nur weggeworfen werden. Alternativ können Sie auch einen Handwerksbäcker fragen. Er bezieht Salz und Fondant in solchen Eimern.

Bei Ablegern oder **kleinen Völkern** können Sie alternativ zwei Waben entnehmen und stattdessen als Futterbehälter in den Boden der Beute drei bis vier aufgeschnittene **Tetrapacks** á 1,5 Liter stellen.

Hunger! So retten Sie Ihre Bienen

Wird der September sehr kalt und meteorologisch zum November, ziehen sich die Bienen zu einer Winterkugel zusammen. Auch das leckerste, von Ihnen mit Honig aufgebesserte Futter lockt sie dann nicht mehr. Damit diese Bienen nicht den sicheren Hungertod erleiden, müssen Sie tief in die imkerliche Trickkiste greifen. Hier sind die besten Tipps:

- Wärmen Sie das Futter an. Dazu füllen Sie täglich rund 500 g Flüssigfutter in einen Becher und erhitzen es in der Mikrowelle auf rund 50 °C. Dann stellen Sie den Becher mit Schwimmhilfe direkt über den Bienensitz. Die Wärme heizt den Bienen ein und sie stürzen sich auf das Futter. Alternativ halten Bastler das Futter konstant mit einer Aquarienheizung rund 25 °C warm.
- Vermeiden Sie lange Wege. Dazu füllen Sie einen der oben beschriebenen 5-Liter-Eimer mit Flüssigfutter, das Sie mit flüssigem Honig aufgebessert haben. Drücken Sie den Deckel auf. Bohren Sie dann mit einem Nagel oder einem 1 mm-Bohrer zahlreiche kleine Löcher in den Deckel. Gehen Sie zu Ihren Bienen, stülpen Sie den Eimer um und setzen sie ihn direkt über der Winterkugel auf die Rähmchen-Oberträger. Durch den Deckel quellen kleine Futtertropfen hervor, die von Ihren Bienen aufgenommen werden. Alternativ können Sie auch ein Essiggurkenglas verwenden, dessen Twist-Off-Deckel Sie mit Löchern perforiert haben.
- Füllen Sie einen Druckverschlussbeutel, wie er zum Beispiel für Tiefkühlkost verwendet wird, mit Flüssigfutter. Stechen Sie mit einer Nähnadel einige Löcher in eine Seite des Beutels. Den Beutel legen Sie wie ein flaches Kissen über die Winterkugel. Die Bienen nehmen den aus den Löchern tropfenden Sirup auf.
- Bringen Sie Ihre Bienen ins Warme und Dunkle. Falls Sie einen Keller haben, in dem Temperaturen über 12 °C herrschen, können Sie Ihre Bienen dorthin bringen und ganz normal füttern. Absolute Dunkelheit oder leichtes Dämmerlicht sind ideal, durch helleres Licht

werden die Bienen aus der Beute gelockt und sie krabbeln dann in Ihrem ganzen Keller herum. Außerdem koten sie an die Wände. Ist der Raum hingegen dunkel, bleiben die Bienen brav in der Beute.

Diese Methoden haben besorgte Imker für ihre kleinen geflügelten Lieblinge entwickelt und sie auf diese Weise doch noch vor dem Verhungern gerettet. Es sind Nothilfen, die Sie nicht brauchen, wenn Sie nach der Lindentracht mit dem **Einfüttern** beginnen.

Meist kein Fachmann, aber wichtig: Ihr Amtstierarzt

Haben Sie sich schon einmal gefragt, was ein Amtstierarzt in der Stadt zu tun hat? Im Unterschied zu seinen Kollegen auf dem Land kämpft er nicht gegen Blauzungenkrankheit, Maul- und Klauenseuche und Schweinepest. Er muss die Gefährlichkeit von Kampfhunden begutachten und unzählige Dönerbuden und Schnellimbisse nach Gammelfleisch durchsuchen – kein einfacher Job. Da freut sich jeder Amtstierarzt, wenn er Sie und Ihre Bienen besuchen darf.

Sein Problem: Er hat in der Regel kaum Ahnung von der Materie, die er kontrollieren soll. Er darf Ihnen aber Vorschriften machen. Erschweren Sie also dem Veterinär das Leben nicht noch zusätzlich, denn Sie sind auf ihn angewiesen: Er nimmt Proben, überwacht die Hygiene, erteilt Wandergenehmigungen, gestattet den Einsatz von Medikamenten und kann im Seuchenfall drastische Maßnahmen anordnen. Er hat viel Macht! Alles spricht also dafür, sich mit ihm gut zu stellen. Doch jeder Amtsveterinär ist anders. Lernen Sie die drei häufigsten Tierarzt-Typen kennen und wie Sie mit ihnen umgehen.

Der vermittelnde Veterinär
Finden Sie Ihren Tierarzt „einfach nett"? Dann haben Sie es wahrscheinlich mit dem Vermittler-Typ zu tun. Dieser Veterinär geht nicht auf Konfrontationskurs. Er berechnet Ihnen zum Beispiel keine Anfahrtkosten, weil er auf dem Weg zur Dienststelle „sowieso bei Ihnen vorbeikommt".
Dieser Veterinär hat seinen Beruf aus Liebe zu Tieren gefunden. Daher bildet er sich regelmäßig fort. Bei Bedarf hält er Rücksprache mit dem nächstgelegenen Institut für Bienenkunde. Er ist sehr kompetent und will mit Ihnen konstruktiv zusammenarbeiten. Als Vermittler ist dieser Typ eher zurückhaltend und abwartend. Überrumpelt zu werden, ist schlimm für ihn. Dann schaltet er auf stur und seine Gutmütigkeit ist wie weggeblasen.

So gehen Sie mit ihm um: Gehen Sie auf diesen Tierarzt zu und zeigen Sie ehrliches Interesse. Freundlichkeit und Höflichkeit sind für ihn besonders wichtig. Bitten wird er Ihnen selten abschlagen, zum Beispiel eine Futterkranzprobe auf Amtskosten, sofern er nicht das Gefühl hat, ausgenutzt zu werden. Geben Sie ihm meistens Recht, dann wird er Ihr Verbündeter. Fragen Sie diesen Tierarzt nach Themen, in denen er sich auskennt, zum Beispiel nach Hygiene bei der Honigverarbeitung. Sie werden erstaunt sein, was er alles weiß. Umgekehrt fragt er viel. Zu Recht können Sie dahinter echtes Interesse vermuten!

Der perfektionistische Veterinär

Ist Ihr Amtstierarzt anstrengend, weil er auf die 100 %ige Einhaltung aller Vorschriften achtet? Rechnet er immer genau nach Gebührentabelle ab? Misstraut er Gesundheitsbescheinigungen von Kollegen und kontrolliert lieber selbst noch einmal? Dann haben Sie einen perfektionistischen Tierarzt vor sich! Er wurde wahrscheinlich weniger aus Interesse an Tieren Veterinär. Seine Motivation war es, ein angesehenes Fach zu wählen.

Das zeichnet ihn aus: Der Perfektionist ist strukturiert, arbeitet an Strategieplänen zur Seuchenbekämpfung und beteiligt sich gern an Zustandsbeschreibungen, sogenannten Monitorings. Wenn er von Entwicklungen überrollt zu werden droht, kann er überreagieren. Bei einer Faulbrutsanierung macht er mit der Imkerei des Betroffenen kurzen Prozess.

So gehen Sie mit ihm um: Da dem Perfektionisten Ordnung und Struktur sehr wichtig sind, kommen Sie am besten mit ihm klar, wenn Sie Regeln und Dienstwege einhalten.

Notieren Sie sich zum Beispiel genau, wann Sie welche Völker mit welchem Mittel und mit welcher Menge gegen die Varroa-Milben behandelt haben – am besten in einer Excel-Datei, die Sie für ihn ausdrucken.

Kaufen Sie sich eine Flasche 60 %ige Ameisensäure *ad. us. vet.*, also für tierärztlichen Gebrauch, und zeigen Sie diese vor. Am überzeugendsten wirkt eine angebrochene Flasche. Spätestens dann wird dieser Typ von Ihnen restlos begeistert sein, weil alle Ihre Imkerkollegen nur die nicht zugelassene technische Ameisensäure verwenden. Damit gewinnen Sie ihn für sich.

Widersprechen Sie nicht. Verpacken Sie Ihre Kritik lieber in fragende Formulierungen wie: „Was wäre, wenn es eine wissenschaftlich anerkannte und vielfach erprobte Methode gäbe, mit der mein Bienenstand sicher entseucht werden könnte". Damit wecken Sie dann das Interesse des Perfektionisten und können ihn so zum Beispiel bei einer Faulbrutsanierung vom Kunstschwarmverfahren überzeugen. Wenn der Perfektionist unwirsch wird, fragen Sie offen: „Was kann ich anders/besser machen?"

Der helfende Veterinär

Unterstützt Sie Ihr Tierarzt bei Ihrer Arbeit, indem er Sie umfassend berät und Ihnen konstruktive Vorschläge zum Beispiel zur Verbesserung der Hygiene macht? Versteht er sich als Ihr Dienstleister? Dann haben Sie es sicher mit einem Tierarzt vom Typ des Helfers zu tun. Für ihn ist der Besuch beim Imker ein Festtag. Er fühlt sich den Tieren und Haltern in seinem Amtsbezirk verpflichtet. Vielleicht wäre er selbst gerne Imker geworden. Der Helfer kombiniert die guten Eigenschaften des Vermittlers und des Perfektionisten. Er hat die Verbindlichkeit des Vermittlers und ist so gut organisiert wie der Perfektionist.

So gehen Sie mit ihm um: Seien Sie persönlich. Sprechen Sie über Ihre Bedürfnisse, ohne zu jammern. Der Helfer hat Tipps parat, die er von anderen Imkern gehört hat. Loben Sie ihn für diese Hinweise. Heucheln Sie aber nicht. Dafür hat er ein feines Gespür. Erkennen Sie stets die Kompetenz des Helfer-Veterinärs an. Verzichten Sie auf Belehrungen. Sie provozieren damit seinen Helferstolz. Wenn dieser Veterinär Sie mag, wird er Sie bei Ihrer Bienenhaltung unterstützen und Ihnen zum Beispiel Kopien von Fachartikeln zukommen lassen. Danken Sie stets dafür.

Dieser Amtstierarzt hat sich mit Bienen beschäftigt und erkennt daher, wie gesund die Bienen sind.

Bin ich auf den Besuch des Amtsveterinärs gut vorbereitet?

Der Amtstierarzt hat viel zu tun. Daher sollten Sie ihm nach Möglichkeit seine Arbeit erleichtern und vor seinem Besuch alles gut vorbereiten.

❏ Ich habe einen festen Termin mit dem Veterinär vereinbart.

❏ Ich kenne den Grund seines Besuchs, zum Beispiel Ausstellung einer Gesundheitsbescheinigung, Hygienekontrolle, Entnahme einer Futterkranzprobe.

❏ Ich habe mich mit dem Thema innerlich beschäftigt und mir auf mögliche Fragen Antworten überlegt.

❏ Ich habe eine Imkerbluse mit Schleier und Handschuhe für den Veterinär zurechtgelegt.

❏ Es gibt einen Tisch, auf dem der Veterinär seine Schreibarbeiten erledigen kann.

❏ Ich habe für ihn eine Flasche Wasser und einen Trinkbecher zurechtgestellt. Auf mehr verzichte ich, da dies als Bestechungsversuch gewertet werden könnte.

❏ Meine imkerlichen Arbeitsgeräte (Smoker, Stockmeißel) liegen vorbereitet und ordentlich auf dem Tisch.

❏ Es gibt eine Möglichkeit zum Händewaschen.

❏ Ich werde den Veterinär am Eingang mit Handschlag begrüßen.

❏ Ich rede nur auf Aufforderung zur Sache und ansonsten über Belanglosigkeiten.

❏ Ich frage am Ende des Besuchs, wie es nun weitergeht.

❏ Ich halte Kleingeld bereit, um die Gebühren passend bezahlen zu können.

❏ Ich danke dem Veterinär für seinen Besuch und verabschiede ihn freundlich.

Auswertung

Haben Sie allen Aussagen zugestimmt? Dann können Sie dem Besuch Ihres Amtstierarztes gelassen entgegensehen.

Völkervermehrung – machen Sie mehr aus Ihren Bienen

In der Natur vermehren sich Bienen durch die Bildung von Schwärmen. Dazu zieht die alte Königin kurz vor dem Schlupf einer jungen, noch unbegatteten Königin mit der Hälfte des Bienenvolkes aus. Die alte Königin, das heißt die Mutter der jungen Königin, gründet dann einen **neuen Bienenstaat.** Gelegentlich folgen diesem Hauptschwarm noch Nachschwärme mit jungen, unbegatteten Königinnen, die Schwestern sind. So können aus einem Bienenvolk mehrere neue Kolonien entstehen. In diesem Kapitel lesen Sie, wie Sie sich diesen natürlichen Mechanismus zunutze machen, um Ihren Völkerbestand zu halten und sogar zu vermehren.

Aus Eins mach Drei:
Warum Sie Nachwuchsvölker brauchen

In der Stadt werden Bienenschwärme nicht gerne gesehen. Die laut brummende Bienenwolke flößt Anwohnern oft Angst ein. Ein Imker, der seine Bienen nicht im Griff hat und jeden Sommer mehrfach auf die Bäume und Balkone seiner Nachbarn klettert, um seinen ausge-

Durch selbst nachgezogene Ableger sorgen Sie dafür, dass Sie auch im kommenden Jahr Freude an Ihren Bienen haben.

rückten Haustieren nachzustellen, belastet auf Dauer das Verhältnis zu den Menschen, die um ihn herum wohnen.

Daher können Sie dem **unkontrollierten Schwärmen** – anders als manche Landimker – nicht einfach zusehen. Sie müssen den Schwarmtrieb unterdrücken und die Vermehrung in geordnete Bahnen lenken. Außerdem hat es noch weitere Vorteile, selbst zu vermehren:

- Sie verjüngen Ihren Bestand.
- Sie sichern sich gegen winterliche Völkerverluste ab, weil Sie diese ausgleichen können.
- Sie können im Frühjahr Ihre überwinterten Jungvölker mit unerwartet schwachen Altvölkern vereinigen und diese damit verstärken.
- Falls Sie im Frühjahr feststellen, dass Sie mehr Völker überwintert haben, als Sie behalten möchten, können Sie die überzähligen verkaufen.

Es spricht also viel dafür, sich mit der Völkervermehrung zu beschäftigen, selbst wenn Sie kein aktiver Bienenzüchter sein möchten.

Die sieben Grundregeln für eine gelungene Bienenzucht

Es gibt gut ein Dutzend Möglichkeiten, wie Sie aus einem Bienenvolk, zwei, drei oder mehr machen. Alle Varianten beruhen auf wenigen Grundregeln.

Regel 1 – Sie benötigen für jede Vermehrungsmethode eine ausreichende Anzahl Bienen. Wie viele das konkret sind, hängt von der Jahreszeit ab. Je früher Sie mit der Zucht beginnen, desto weniger Bienen brauchen Sie. Ableger – das sind kleine Jungvölker – die Ende April oder Anfang Mai gebildet werden, erfordern nur eine gut gefüllte Brutwabe mit ansitzenden Bienen. Im Juli hingegen brauchen Sie vier bis fünf besetzte Brutwaben, um ein überlebensfähiges Volk zu bilden.

Regel 2 – Wenn Sie die Königin und die Bienen zusammenbringen, müssen die Bienen weisellos, also ohne Königin sein. Bevor Sie einem Volk oder Ableger eine Königin zusetzen, müssen Sie ganz sicher sein, dass nicht irgendwo zwischen den Bienen noch eine andere Königin unterwegs ist.

Regel 3 – Die Bienen dürfen nicht die Chance haben, sich aus junger Brut eine neue Königin nachzuziehen. Dies erreichen Sie, indem Sie beim Ablegerverfahren ausschließlich Waben mit verdeckelter Brut nehmen.

Regel 4 – Lassen Sie Bienen und Königin Zeit, sich kennenzulernen. Setzen Sie daher die Königin nur in einem Ausfresskäfig zu, dessen Öffnung Sie mit Zuckerteig verschlossen haben.

Regel 5 – Trennen Sie Alt- und Jungvolk. Wenn Sie einem Volk Bienen zur Vermehrung entnehmen, sollten diese nicht wieder zurückfliegen und das junge Volk schwächen. Das verhindern Sie, indem Sie das Jungvolk außerhalb des Flugkreises, also in mindestens 3 km Entfernung aufstellen. Alternativ können Sie junge Pflegebienen von Brutwaben verwenden – sie waren noch nie außerhalb ihrer Beute. Daher können sie sich nicht orientieren und zurückfliegen.

Regel 6 – Füttern Sie die Bienen. In der Stadt ist der Tisch für Bienen in der Regel reich gedeckt. Trotzdem kann es durch Regenwetter oder das Abklingen einer Haupttracht zu Ausfällen bei der Futterversorgung kommen. Überbrücken Sie diese Hungerphasen durch regelmäßiges Füttern mit Futterteig oder Zuckersirup.

Regel 7 – Kontrollieren Sie den Erfolg der Vermehrung, indem Sie drei bis vier Tage nach dem Zusetzen einer begatteten Königin nach frisch gelegten Eiern schauen. Bei einer unbegatteten Königin lohnt sich dieser Kontrollblick 14 bis 18 Tage nach dem Schlupf der jungen Königin.

In fünf Schritten zu neuen Völkern

Völkervermehrung verlangt etwas Planung. Im Idealfall haben Sie bei der Vereinigung von Königin und Volk reichlich verdeckelte Brut, um dem jungen Volk einen guten Start zu geben. Mit der 5-Schritt-Methode bilden Sie eine ganze Anzahl neuer Völker in einem Schwung. Das Beste daran: Die Königinnenaufzucht ist in die Jungvolkbildung integriert und Sie vereinigen Königin und Brut zu einem optimalen Zeitpunkt. Diese Methode folgt einem strengen Zeitplan.

Tipp

Sie können sich die Suche nach der Königin ersparen, wenn Sie die entnommenen Waben abfegen und über ein Absperrgitter hängen. Warten Sie danach einen Tag. Die Bienen klettern in dieser Zeit durch das Absperrgitter auf die Brut und pflegen diese. Weil die Königin nicht durch das Gitter passt, können Sie nun die garantiert königinnenfreien Brutwaben entnehmen.

Schritt 1
Tag X: Brutwaben mit
Bienen werden in einem
Sammelbrutableger
vereinigt.

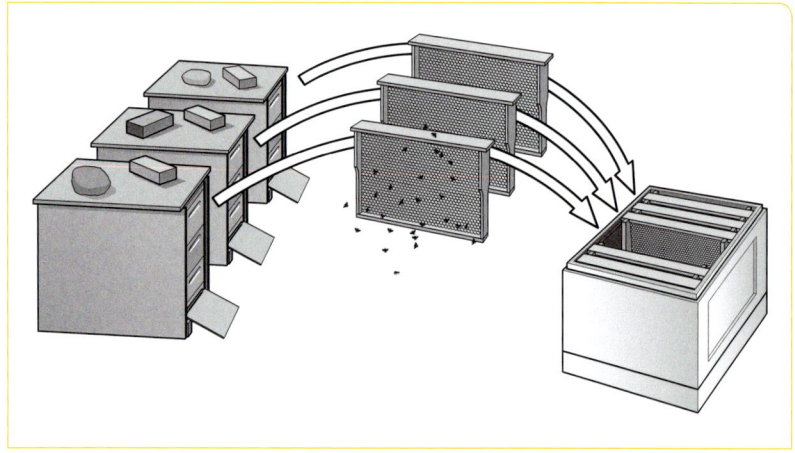

Tragen Sie sich daher die fälligen fünf Arbeitsschritte in Ihren Kalender ein.

Schritt 1 – Der Tag X: Schröpfen Sie Ihre Völker

Entnehmen Sie zwischen dem 19. April und dem 10. Mai jedem Ihrer Völker ein bis drei Brutwaben mit allen ansitzenden Bienen. Achten Sie darauf, dass Sie die Königin nicht mit entnehmen. Hängen Sie die Waben in eine leere Beute aus Boden, Zarge und Deckel. Diese aus verschiedenen Völkern zusammengesammelten Waben bilden einen sogenannten Sammelbrutableger. Am Ende soll dieser fast gefüllt sein. Nur der Platz für ein Rähmchen bleibt frei.

Entwicklung der Biene
vom Ei bis zum Schlupf.

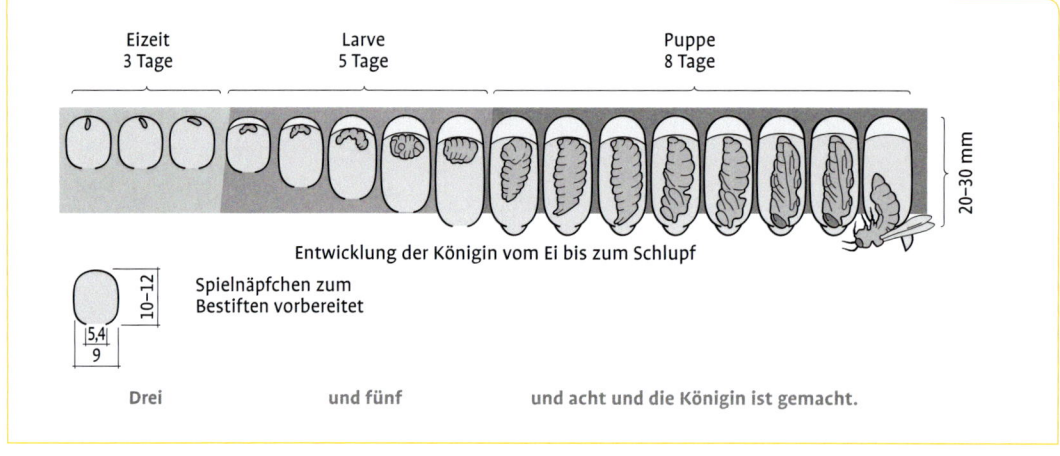

Entwicklung der Königin vom Ei bis zum Schlupf

Schritt 2 – Der Tag X+9: Hängen Sie einen Zuchtrahmen ein

Da die Bienen in Ihrem Sammelbrutableger weisellos waren, haben Sie die vergangenen neun Tage damit verbracht, aus der offenen Brut Nachschaffungszellen zu bilden. Diese brechen Sie nun aus. Jetzt ist der Ableger hoffnungslos weisellos und die Bienen ziehen genau aus jenen Larven Königinnen nach, die Sie ihnen jetzt geben.

Nun brauchen Sie guten „Zuchtstoff". Das sind jüngste Bienenmaden. Sie bekommen sie

- beim Zuchtwart Ihres Imkervereins,
- beim „Umlarvtag" Ihres nächstgelegenen Instituts für Bienenkunde oder
- bei einem Berufsimker in Ihrer Nähe.

So stellen Sie sicher, dass Sie später Bienenköniginnen erhalten, die den Zuchtzielen Sanftmut, Wabenstetigkeit und Sammelfreudigkeit entsprechen.

Alternativ können Sie auch von dem Volk nachziehen, das Sie im Vorjahr am meisten überzeugt hat und von dem Sie gerne mehr hätten. Dabei ist Umlarven nicht schwer, braucht aber etwas Übung, bis Sie mit einem Umlarvlöffel die winzige Made aus dem Muttervolk entnommen und in einen an einem Zuchtstopfen mit etwas flüssigem Wachs befestigten Weiselbecher umquartiert haben.

Tipp

Für den Anfang ist es ratsam, sich Zuchtstoff aus einer anderen Imkerei zu holen und sich das Umlarven zeigen lassen.

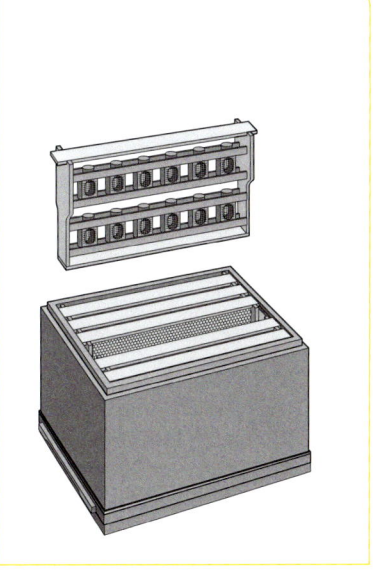

Schritt 2 (links)
Tag X+9: Nachschaffungszellen werden ausgebrochen. Zuchtleiste wird eingehängt.

Schritt 3 (rechts)
Tag X+15: Verdeckelte Weiselzellen werden gekäfigt und in einem Hürdenrahmen dem Sammelbrutableger zum Ausbrüten gegeben.

Tipp

In manchen Anleitungen finden Sie den Hinweis, die Zellen erst am 19. Tag zu verschulen. Dies empfehle ich Ihnen nicht. Denn in einer guten, für die Stadt ja typischen Trachtsituation fangen die Bienen an, jeden freien Platz mit Wildbau zuzubauen. Dazu nutzen Sie auch die freien Stellen zwischen den Weiselzellen. Mit fatalen Folgen: Die verpuppten Königinnen ersticken und die ganze Mühe war umsonst. Warten Sie daher mit dem Verschulen höchstens bis zum 15. Tag!

Rund 16 bis 20 dieser Zuchtstopfen mit Weiselbecher passen in einen Zuchtrahmen. Diesen hängen Sie nun in Ihren Sammelbrutableger. Dieser ist berstend voll mit Bienen, die in den vergangenen neun Tage geschlüpft sind und gierig darauf warten, endlich kleine Maden aufpäppeln zu dürfen. In der Regel wird mindestens die Hälfte der Larven zu werdenden Königinnen angepflegt.

Schritt 3 – Der Tag X+15: Verschulen Sie die Weiselzellen
Fünf Tage nach dem Einhängen des Zuchtrahmens sind die Weiselzellen in den meisten Fällen verdeckelt. Gelegentlich lassen sich die Bienen aber noch einen Tag Zeit. Daher sollten Sie am 14. oder 15. Tag die Weiselzellen vorsichtig aus dem Zuchtrahmen drehen und in kleine Schlupfkäfige stecken. Dieser Vorgang wird „Verschulen" genannt.

Der Schlupfkäfig dient dem Schutz der schlüpfenden Königin. Unter natürlichen Bedingungen pflegen die Bienen ebenfalls mehrere Königinnen an, die sich verpuppen. Sobald aber die erste geschlüpft ist, tötet sie die noch nicht geschlüpften. Um dies bei der gesteuerten Zucht zu vermeiden, werden die Weiselzellen in die kleinen Käfige gesteckt. Die Käfige kommen in einen sogenannten Hürdenrahmen, den Sie an die Stelle des Zuchtrahmens hängen.

Tipp

Sie können sich das Umlogieren der Königin ersparen, indem Sie bereits ein bis zwei Tage vor dem Schlupf (Tag X+19) die Ableger bilden. Dann schlüpft die Königin im Volk und wird garantiert angenommen. Sie brauchen dafür mindestens zwei Waben aus dem Sammelbrutableger, weil die Zelle Wärme benötigt. Dazu sind mehr Bienen nötig als für eine geschlüpfte Königin. Die Zelle klemmen Sie dann zwischen den beiden Oberträgern ein.

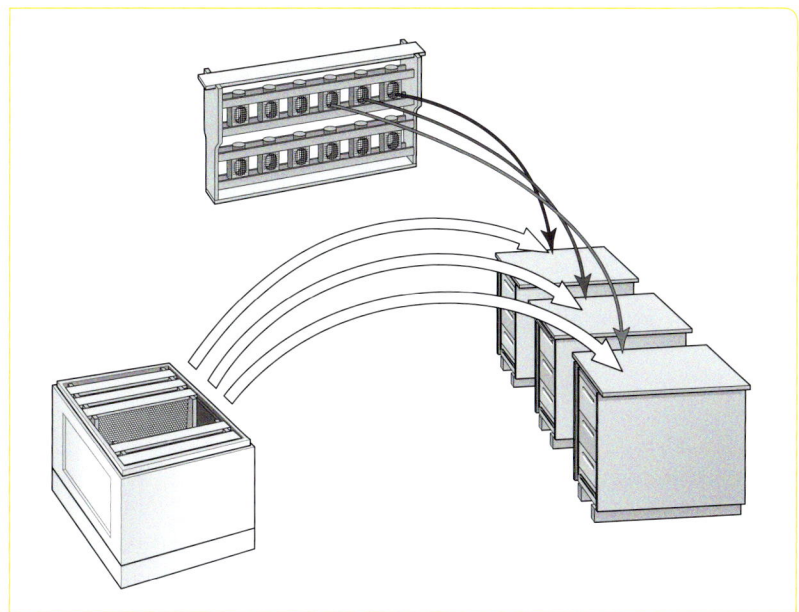

Schritt 4
Tag X+21: Der Sammel-
brutableger wird auf-
gelöst. Aus Brutwaben
und geschlüpften
Königinnen werden
Ableger gebildet.

Schritt 4 – Tag X+21: Bilden Sie Ihre Jungvölker

Heute ist der Geburtstag Ihrer Königinnen. Vielleicht sind einige
schon am Vortag geschlüpft. Diese Frühchen waren schon als Made
einige Stunden älter als die anderen. Teilen Sie jetzt den Sammelbrutableger in mehrere Brutableger auf. Bereiten Sie so viele Beuten
vor, wie Sie Völker bilden möchten oder nach der Anzahl der
geschlüpften Königinnen können.

Haben Sie ihn sehr früh im Jahr, das heißt in der letzten April-
oder ersten Maiwoche gebildet, dann benötigen Sie nur eine Wabe
mit ansitzenden Bienen. Sonst nehmen Sie besser zwei oder drei.
Auch dies richtet sich nach der Anzahl der geschlüpften Königinnen.

Nehmen Sie die Waben aus dem Sammelbrutableger und besprühen Sie diese mit Milchsäure aus einem Blumenzerstäuber (siehe
auch Seite 114). Dann hängen Sie die Waben in die vorbereiteten

Achtung

Prüfen Sie am Tag X+22, ob die Königin auch wirklich geschlüpft ist. Sie
erkennen dies daran, dass die Wei-
selzelle an der untersten Stelle kreis-
rund aufgeschnitten ist.

Ist die Zelle jedoch seitlich und
länglich aufgebissen, haben die
Bienen die tote Königin heraus-
geholt. Das Volk ist dann weisellos.

Beuten. Geben Sie noch eine Futterwabe mit Pollen hinzu und füllen Sie den freien Platz mit Mittelwänden oder ausgebauten, unbebrüteten Waben auf.

Nun entnehmen Sie einen Schlupfkäfig aus dem Hürdenrahmen. Ziehen Sie den Stopfen vorsichtig heraus, damit Sie die junge Königin nicht quetschen. Halten Sie den Daumen auf die Öffnung und stülpen Sie einen Zusetzkäfig darüber. Die Königin krabbelt heraus und in den Käfig, den Sie sofort verschließen. Nun nehmen Sie ein haselnussgroßes Stück Futterteig, schieben den Käfig etwas auf und verschließen den Spalt mit Zuckerteig. Legen Sie den Käfig so auf die Oberträger des Ablegers, dass der Zuckerteigverschluss im freien Platz zwischen zwei Waben liegt. Dann kommen die Bienen gut heran und können ihre neue Königin befreien.

Nun stellen Sie den Kasten am besten außerhalb des Flugkreises auf. Alternativ platzieren Sie die Kästen an Ihrem Bienenstand und verschließen das Flugloch einen Tag lang. Damit gewöhnen sich die Bienen an den Duft ihrer neuen Regentin und fliegen nicht mehr an den Platz des Sammelbrutablegers zurück.

Schritt 5 – Tag X+35: Kontrollieren Sie auf Eier

Etwa ab dem fünften Tag nach ihrem Schlupf ist die Königin geschlechtsreif. Nun wartet sie auf einen trockenen und warmen Tag. Steigt das Thermometer auf über 20 °C, fliegt sie zum Hochzeitsflug aus. Sie steuert einen Drohnensammelplatz an, wo schon begattungswillige Drohnen auf sie warten. Nach erfolgreichem Kontakt mit bis zu 30 Drohnen kehrt sie in ihren Stock zurück. Bereits ein bis zwei Tage später kann Sie mit dem Eierlegen, dem „Stiften", beginnen. Durch schlechtes Wetter, wie die Eisheiligen oder die Schafskälte kann sich der Hochzeitsflug um mehrere Tage verzögern. In der Regel sollten spätestens nach 14 Tagen Stifte im Volk zu sehen sein. In Einzelfällen kann es aber bis zu sechs Wochen dauern, bis eine Königin in Eiablage geht.

Sobald die Königin mit dem Stiften beginnt, braucht Ihr Ableger Futter. Bewährt hat sich ein aufgeschnittener Tetrapack-Getränkekarton. Stellen Sie ihn auf den Beutenboden und stopfen Sie als Kletterhilfe etwas Gras, Stroh oder Reisig hinein. Füttern Sie den Ableger wöchentlich mit 1,5 Liter Zuckerwasser oder -sirup.

Wie nützlich ist ein Ablegerkasten?

Im Handel werden Ablegerkästen angeboten. Diese fassen fünf Rähmchen. Für die Völkervermehrung brauchen Sie diese Kästen nicht, denn sobald Ihr Jungvolk gewachsen ist, wird es ihm in dem Ablegerkasten zu eng und Sie müssen die Bienen in eine normale Beute umquartieren. Die Ablegerkästen stehen dann ungenutzt herum. Außerdem lassen sich im Gegensatz zu Zargen nicht mehr als drei Ablegerkästen übereinander stapeln, ohne leicht wieder umzufallen. Ablegerkästen sind jedoch gut zum Transport von bis zu fünf Waben geeignet, zum Beispiel wenn Ihnen eine volle Zarge zu schwer ist. Werden hingegen halbvolle Zargen getragen und kommen die Rähmchen ins Rutschen, fallen sie aus der Zarge heraus auf den Boden. Das passiert Ihnen in einem Ablegerkasten nicht.

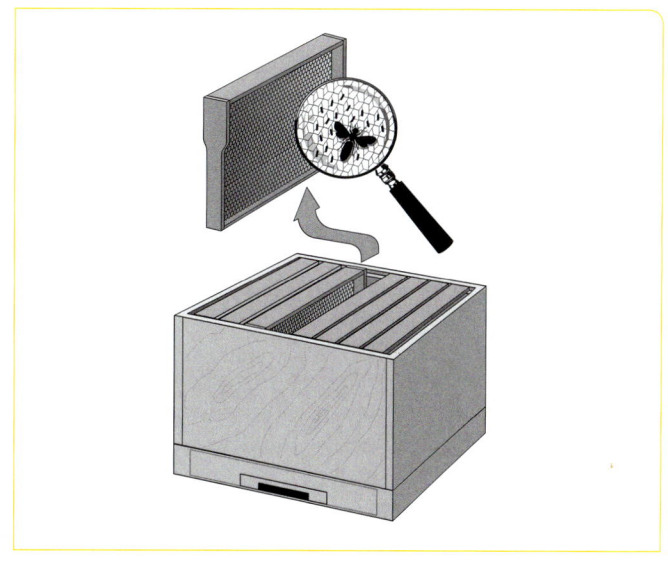

Schritt 5
Tag X+35: Kontrollieren Sie, ob Stifte/junge Brut vorhanden ist.

Wenn's schnell gehen muss: der Kunstschwarm

Wie der Name sagt, ist der Kunstschwarm ein künstlicher, das heißt vom Imker bewusst herbeigeführter Schwarm. Nutzen Sie diese einfache Vermehrungsmethode, wenn

- Sie geschlüpfte Königinnen haben, die überzählig sind.
- Ihre Völker so stark sind, dass Sie diese sofort schröpfen möchten.
- die Sommersonnenwende schon vorbei ist und Sie Ihren Bestand im Spätsommer noch auffrischen möchten.

Alles, was Sie dafür brauchen sind Bienen, eine begattete oder unbegattete Königin, eine leere Beute und acht Rähmchen mit Mittelwänden.

Schritt 1 – Sammeln Sie Bienen

Verschließen Sie das Flugloch einer leeren Beute. Sie soll den Kunstschwarm aufnehmen. Sie muss einen offenen Gitterboden haben, denn die Bienen werden bei der Kunstschwarmbildung sehr erregt und brauchen viel frische Luft.

Besprühen Sie die Bienen auf den abzufegenden Waben mit Wasser. Aus einem oder mehreren starken Völkern kehren Sie nun Bienen in den offenen und völlig leeren Kasten. Befeuchten Sie nun immer wieder die Bienen mit einem feinen Sprühnebel, damit sie nicht auffliegen.

Sie können die Bienen von Brutwaben oder aus den Honigräumen verschiedener Völker nehmen. Hat sich im Unterboden einer Beute eine Bienentraube gebildet, können Sie auch diese Bienen abfegen. Dazu brauchen Sie einen Helfer, der den schweren Brutraum anhebt, während Sie die Traube erst besprühen und dann über der neuen Beute abfegen. Hängen Sie eine einzelne Futterwabe in die Beute mit dem Kunstschwarm und stellen Sie diese an einen dunklen kühlen Ort.

Insgesamt brauchen Sie für einen Kunstschwarm 1,5 bis 2 kg Bienen. Wenn Sie unsicher beim Schätzen des Gewichts sind, fegen Sie die Bienen zunächst in einen Eimer, wiegen diesen auf einer Waage und kippen die Bienen dann in die Beute.

Schritt 2 – Geben Sie die Königin hinzu

Die Bienen merken nun, dass sie weisellos sind und fangen an, unruhig zu brausen – sie „heulen" nach einer Stockmutter. Das sollen sie auch. Nach zwei Stunden haben Sie sich damit abgefunden und eine Traube auf der Futterwabe gebildet. Sie sind zwar erregt, bleiben aber auf der Wabe sitzen. Nun geben Sie ihnen die herbeigesehnte Königin in einem Zusetzkäfig und mit einem Zuckerteigverschluss hinzu. Behalten Sie die Bienen für zwei Nächte in Dunkelhaft.

Schritt 3 – Stellen Sie den Kunstschwarm auf

Am kommenden Tag öffnen Sie den Bienenkasten und entnehmen den ausgefressenen Zusetzkäfig. Dann füllen Sie den freien Raum vorsichtig mit so vielen Mittelwänden auf, dass Sie daneben noch eine Futtertasche oder den Tetrapack für das Flüssigfutter aufstellen

Tipp

Auf keinen Fall darf eine Königin aus den geschröpften Völkern in den Kunstschwarm geraten. Dies erreichen Sie, indem Sie nur Bienen aus dem durch ein Absperrgitter getrennten Honigraum nehmen. Viele Imker bilden deshalb Kunstschwärme bei der Honigernte.

Tipp

Falls Sie die Bienen nicht an einen anderen Standort bringen können, behalten Sie den Kunstschwarm drei bis fünf Tage in Dunkelhaft. Geben Sie ihm nach der ersten Nacht Mittelwände und füttern Sie die Bienen. Nach drei Tagen haben Sie ihre Wachsdrüsen entwickelt und sind so mit dem Ausbau ihrer Bienenwohnung beschäftigt, dass sie die alte Heimat vergessen haben und zusammenbleiben. Dann können Sie die Bienen wieder zum Stand bringen.

können. Dann bringen Sie den Kunstschwarm an einen Platz außerhalb des Flugradius der Altvölker.

Danach befüllen Sie die Futtereinrichtung mit Futter. Haben Sie den Kunstschwarm mit einer unbegatteten Königin gebildet, kontrollieren Sie den Schwarm nach zwei Wochen auf frisch gelegte Eier. Sind Stifte da, ist alles in Ordnung. Ist die Königin verloren gegangen, fehlen meistens auch die Bienen. Sie haben sich in andere Völker eingebettet und der Kasten ist leer.

So gewinnen Sie Reserveköniginnen

Wenn Sie nur begattete Königinnen brauchen, um im Herbst Ihre älteren Völker zu verjüngen, ist es nicht sinnvoll, gleich ein ganzes Volk nachzuziehen. Dann bilden Sie einen **Minikunstschwarm** in einem **Begattungskästchen**. Unabhängig davon, ob Sie sich für ein Apidea-, Kirchhainer-, Kieler- oder Segeberger Begattungskästchen entscheiden: Sie brauchen nur 80 bis 100 Gramm Bienen. Diese Menge messen Sie am besten mit einer großen Tasse ab.

Achten Sie darauf, dass die Bienen nur feucht, nicht nass in das Kästchen kommen. Sie verkleben sonst den für die Belüftung so wichtigen Gitterboden. Füllen Sie die Futterkammer gleich mit Futter und behalten Sie das Kästchen nur eine Nacht in Kellerhaft. Stellen Sie es dann außerhalb des Flugkreises der Herkunftsvölker auf. Da das Kästchen kleiner als ein Schuhkarton ist, können Sie es bis zum **Begattungserfolg** auch auf einem Balkon und sogar auf einem Fensterbrett abstellen. Sichern Sie es aber gut gegen einen Absturz in die Tiefe!

Völkervermehrung fast ohne Mühe: Schwärme einfangen

Wie wäre es, wenn Sie gar keine Zucht betreiben müssten, sondern Bienenvölker wie reife Früchte vom Baum pflücken könnten? Afrikanische Imker hängen Beuten in die Bäume und holen sie sich, wenn ein Schwarm eingezogen ist.

Die Königin ist schon in der Schwarmfangkiste. Die Bienen folgen ihr hinein.

Fast so leicht geht das auch in der Stadt – allerdings sollten die Bienen nicht zuvor bei Ihnen ausgerückt sein. Allerdings kann dies auch dem besten Imker passieren. Meistens machen sich die Bienen um die Mittagszeit auf die Reise. Wie ein Wasserfall über die Klippe stürzt, wälzen sich die Insekten aus dem Flugloch heraus und kreisen wild brausend zunächst über dem Bienenstand. Nach etwa zehn Minuten sammeln sie sich oft nur wenige Meter von ihrem Standplatz entfernt an einem Baum. In der Stadt wählen sie auch oft Zäune, Geländer, Gerüste oder den Griff einer Mülltonne als Astersatz. Sie bilden eine Traube und sind jetzt für den Imker gut zu fangen. Oft genügt eine einfache Haushaltsleiter, um an die Bienentraube heranzukommen.

Nehmen Sie sich des Schwarms an

Ein Schwarm, der nicht unmittelbar von seinem **Eigentümer** verfolgt wird, gilt als herrenlos. Wer den Schwarm nun einfängt, dem gehört er. Daher ist es wichtig, dass Sie Ihren **Anspruch** auf den Schwarm geltend machen, sobald Sie von ihm erfahren. In den meisten Fällen werden Sie telefonisch von Firmen, Mietern oder Eigentümern alarmiert, dass sich ein Schwarm auf dem Gelände niedergelassen hat. Sagen Sie dem Anrufenden, dass Sie sich des Schwarms annehmen werden. Geben Sie eine Zeit an, bis wann dies geschehen sein wird. Damit sich der Schwarm bis zu Ihrem Eintreffen, zum Beispiel nach der Arbeit, nicht wieder erhebt und auf Nimmerwiedersehen entschwindet, bitten Sie den Anrufer, den Schwarm mit einem Gartenschlauch circa alle halbe Stunde **kräftig nass** zu spritzen, sodass er vor Wasser nur so trieft.

Bin ich startklar für den Schwarmfang?

Wenn ein Schwarm gemeldet wird, verfallen viele Imker in Hektik und fahren einfach los. Erst am Einsatzort stellen Sie fest, was sie vergessen haben und sind zur Improvisation gezwungen. Doch was für einen Eindruck hinterlassen Sie dann? Überlegen Sie sich: Was würden Sie von einem Maurer halten, der auf Ihre Baustelle kommt und dann fragt, ob Sie ihm eine Kelle und ein Lot borgen könnten? Ersparen Sie sich diese Peinlichkeit und nutzen Sie die Checkliste, um den Schwarm gut vorbereitet einzufangen.

- ❏ Ich habe die Adresse und die Rufnummer des Auftraggebers notiert.

- ❏ Ich habe mir erklären lassen, wie die Tiere aussehen und kann ausschließen, dass es sich um Wespen oder Wildbienen handelt.

- ❏ Ich habe mir genau erklären lassen, wo der Schwarm hängt.

- ❏ Ich habe den Anrufer über eventuelle Kosten aufgeklärt, zum Beispiel für die Anfahrt.

- ❏ Ich habe mich erkundigt, ob ein Wasseranschluss mit Schlauch am Einsatzort ist.

- ❏ Ich habe geklärt, wie hoch der Schwarm hängt.

- ❏ Ich habe gegebenenfalls gefragt, ob eine sichere Aluminiumleiter, also keine alte aus morschem Holz, zur Verfügung gestellt werden kann. Falls nicht, bringe ich meine eigene Leiter mit.

- ❏ Ich habe meine Schutzbekleidung eingepackt.

- ❏ Ich habe alle Geräte, die ich für den Schwarmfang brauche, mit dabei: Schwarmfangkiste, Wassersprüher und Bienenbesen.

- ❏ Ich kenne die rechtlichen Grundlagen des Schwarmfangs.

- ❏ Ich habe Honig eingepackt, den ich dem Anrufer während der Wartezeit verkaufen kann.

- ❏ Ich habe Informationsmaterial über Bienen vom Deutschen Imkerbund, Visitenkarten und Werbematerial mit dabei, das ich den Auftraggebern aushändigen kann.

Auswertung

Konnten Sie allen Aussagen zustimmen, dann sind Sie startklar. Nutzen Sie die Zeit beim Auftraggeber, um für Ihr Hobby zu werben. Verzichten Sie auf Heldentaten wie keine Schutzkleidung anzulegen. Zwar stechen Schwarmbienen nicht, doch sie „vergessen" das, wenn sie in Ihr Haar oder Ihren Ausschnitt fallen. Außerdem strahlt saubere und ordentliche Schutzkleidung Seriosität und Kompetenz aus.

Fangen Sie den Schwarm ein

Lassen Sie sich von dem Anrufer zeigen, wo der Bienenschwarm hängt und befeuchten Sie ihn noch einmal kräftig mit Wasser. Er zieht sich dann zusammen und ist ruhig.

Halten Sie die **Schwarmfangkiste** unter die Traube und schlagen Sie kräftig auf den Ast. Hängt der Schwarm an einem Geländer, streifen Sie die Traube mit der Hand oder einem Besen ab. Wichtig ist, dass das Pflücken des Schwarmes schnell von sich geht. Sonst fliegen die Bienen auf und es dauert eine halbe Stunde, bis sie sich wieder gesammelt haben.

Wenn der Schwarm in die Kiste gefallen ist, decken Sie diese rasch mit dem Deckel zu. Schwarmfangkisten, die es im Handel gibt, haben ein Flugloch, das mit einer Klappe verschlossen werden kann. Öffnen Sie dieses nun und stellen Sie die Kiste in der Nähe der Ansatzstelle des Schwarmes auf. Warten Sie nun ab, was passiert. Beobachten Sie, dass die wild durch die Luft schwirrenden Bienen sich auf den Lüftungsgittern Ihrer Kiste niederlassen, dann haben Sie die **Königin** mit gefangen und brauchen nur noch zu warten, bis sich alle Bienen auf und in der Schwarmfangkiste versammelt haben. Hat es nicht geklappt, sammeln sich die Bienen wieder am alten Platz und Sie können es bald erneut mit dem Schwarmfang versuchen.

Stellen Sie den Schwarm kühl

Nach etwa zwei Stunden haben sich die allermeisten Bienen im Kasten versammelt. Nur noch wenige Dutzend hängen an der alten Ansatzstelle am Ast. Jetzt können Sie den Schwarm abtransportieren. Falls Sie ihn in einem Karton oder einem Eimer transportierten, stülpen Sie den Inhalt sofort nach Ihrer Rückkehr an den Bienenstand in eine leere Beute. Achten Sie auf ein geschlossenes Flugloch!

Tipp

Nicht immer haben Sie eine Schwarmfangkiste zur Hand, besonders wenn Sie an einem Tag mehrere Schwärme einfangen wollen. Dann können Sie auch einen kleinen Umzugskarton oder einen Hobbock verwenden. Verschließen Sie den Karton nach dem Einfangen des Schwarmes und lassen die fehlenden Bienen durch eines der Grifflöcher einfliegen. Das Loch sollte nur einen etwa 8 mm großen Spalt geöffnet sein. Beim Hobbock legen Sie den Deckel auf, drehen das ganze Gebinde um und stellen es auf eine ebene Fläche, zum Beispiel auf eine Pappe oder das Straßenpflaster. Schieben Sie den Deckel etwas auf, sodass sich ein kleiner Spalt öffnet, durch den die umherirrenden Flugbienen zu ihrem Schwarm zurückkehren können.

Tipp

Faulbrut ist bei Schwärmen in der Regel kein Problem. Die geschwärmten Bienen haben den eventuell mit Sporen belasteten Honig, den sie mit auf Ihre Reise genommen hatten, längst verzehrt, bevor sie die ersten jungen Larven füttern. Um jedoch ganz sicher zu gehen, können Sie die Schwarmbienen drei Nächte in Dunkelhaft behalten und erst danach auf neue Mittelwände abfegen. Ihre Bienen sind zu diesem Zeitpunkt aber so ausgezehrt, dass sie nun mit Zuckerwasser oder Sirup gefüttert werden müssen, um nicht zu verhungern.

Die Beute oder die Schwarmfangkiste stellen Sie nun in einem kühlen, dunklen Raum, zum Beispiel einen Keller. Die Bienen haben sich bis zum Abend beruhigt. In der **Abenddämmerung** holen Sie den Schwarm ab, nehmen eine leere Beute und kippen die Bienen aus der Schwarmfangkiste hinein. Danach füllen Sie die Beute vorsichtig mit neuen **Mittelwänden** auf. Nun können Sie die Bienen sich selbst überlassen.

Die Bienen haben zunächst noch genug Honig für ihren eigenen Bedarf und beginnen am kommenden Morgen sofort mit dem Nektarsammeln. Innerhalb einer Woche haben sie in der Regel alle Mittelwände ausgebaut.

Füttern Sie auf keinen Fall die Bienen in den ersten drei Tagen! Geben Sie ihnen auch **keine** Futterwabe. Bedenken Sie, warum die Bienen abgeschwärmt sind: Weil sie sich in der alten Beute durch so **viel Honig** in ihrem Freiheitsdrang **beengt** gefühlt haben. Wenn Sie ihnen in dieser Situation Futter geben, fühlen sie sich an den Zustand in ihrem Muttervolk erinnert und suchen gleich wieder das Weite.

Fahnden Sie nach der Herkunft des Schwarmvolkes

Nachdem Sie dem Schwarm ein neues Zuhause gegeben und so Ihren Bienenbestand erhöht haben, lohnt es sich, die Herkunft der Bienen zu klären. Fragen Sie die Anrufer, die Sie zu dem Schwarm gerufen haben, ob sie einen Imker in der Nähe kennen. Ist dies nicht der Fall, erkundigen Sie sich nach Kleingartenanlagen, wo viele Stadtimker ihre Bienen abgestellt haben. Haben Sie den Imker ausfindig gemacht, können Sie ihm das eingefangene zurückverkaufen.

Eventuell stellt sich aber auch heraus, dass die Bienen aus einem Ihrer eigenen Völker ausgeschwärmt sind. Lassen Sie dann der Natur ihren freien Lauf. Durchsuchen Sie das Volk, aus dem der Schwarm abgegangen ist, nach noch nicht geschlüpften **Weiselzellen**. Falls eine Jungkönigin geschlüpft ist, brechen Sie alle anderen Weiselzellen aus.

Ist indes noch keine Königin geschlüpft, lassen Sie zwei Weiselzellen stehen und warten fünf Wochen. Danach sollte frisch verdeckelte und nach sieben Wochen auch frisch geschlüpfte Brut in diesem Volk zu sehen sein. Es hat dann eine neue, befruchtete Königin und ist überlebensfähig.

Wem gehören Bienenschwärme?

Alles, was Sie über Ihr gutes Recht zum Thema Bienenschwärme wissen müssen, steht in den §§ 961 bis 964 des bürgerlichen Gesetzbuches (BGB).

§ 961 BGB: Bienenschwärme gelten grundsätzlich als wilde Tiere. Das sind Tiere, die niemand gehören und frei leben. Ein Schwarm ist herrenlos und jeder kann ihn sich aneignen, denn Bienen kehren im Gegensatz zum Beispiel zu streunenden Katzen nicht wieder zu ihrem Herrchen zurück. Wer die Bienen einfängt, dem gehören sie fortan. Verfolgt der bisherige Eigentümer den Schwarm unverzüglich, kann er weiter das Eigentum an dem Schwarm beanspruchen, es sei denn, er gibt die Verfolgung auf.

§ 962 BGB: Solange der Eigentümer den Schwarm verfolgt, darf er auch fremde Grundstücke betreten. Findet der Schwarm einen neuen, leeren Stock, darf der Eigentümer diesen öffnen, um die Bienen einzufangen und auch Waben herausbrechen. Richtet er dabei Schäden an, so hat er diese zu ersetzen.

§ 963 BGB: Vereinigen sich verschiedene Schwärme, so gehört der Gesamtschwarm den Eigentümern, die ihre jeweiligen Schwärme verfolgt haben, zu gleichen Teilen.

§ 964 BGB: Zieht ein Schwarm in einen bereits besetzten Stock, so gehört er dem Eigentümer des Volks, welches bisher darin wohnte. Der Eigentümer des einziehenden Schwarms verliert seine Rechte.

Hinweis

Der Gesetzgeber hat das Recht am Bienenschwarm im Bürgerlichen Gesetzbuch so umfassend und für alle Seiten befriedigend gelöst, dass es in den vergangenen siebzig Jahren keine gerichtliche Auseinandersetzung um geschwärmte Bienen mehr gegeben hat.

Es geht noch einfacher: Bienen halten nur zur Freude

Besonders in Städten gibt es derzeit ein zunehmendes Interesse an betont einfachen und naturgemäßen Konzepten zur Bienenhaltung. Tatsächlich sind Bienen wilde Tiere, die in freier Natur in **hohlen Bäumen** leben und überleben. Dass Bienen ohne Rähmchen, Mittelwände und ohne ebenso aufwendig wie durchdacht konstruierte Beutensysteme auskommen, beweisen verwilderte Bienenvölker, die es in der Stadt zuhauf gibt. Sie wohnen zum Beispiel in altem Hohlmauerwerk und fliegen durch vom Regen ausgewaschene Mauerfugen aus und ein. Oft können in einer solchen Mauer gleich an mehreren Stellen wild lebende Bienen beobachtet werden.

Daran orientieren sich vielfach jüngere Imker. Sie wollen bewusst anders als die klassischen Magazin- und die älteren Hinterbehandlungsimker sein. Im Gegensatz zur Erwerbsimkerei ist es nicht ihr Ziel, möglichst starke und leistungsfähige Völker zu haben. Sie wollen die Völker einfach führen. Sie halten sich Bienen wie ein exotisches Haustier, bei dem das **Beobachten** das Spannendste ist. Für diese „Guckimker" ist der Honigertrag und die Leistungsfähigkeit der Bienenkönigin Nebensache. Sie kümmern sich auch wenig um die gezielte Vermehrung, sondern lassen die Bienen schwärmen, um sie dann wieder einzufangen.

Dabei sind auch zivilisationskritische und esoterische Töne nicht zu überhören. Diese Imker nennen sich „barefoot beekeeper", Barfußimker oder „urban beekeeper", städtische Bienenhalter, vor allem im angelsächsischen Raum, wobei in diesem Begriff dort auch klassische Imker inbegriffen sind, die ihre Bienen im städtischen Raum halten. Die alternativen Imker treffen sich im Internet statt im Imkerverein. Sie nutzen selbst gedrehte Videoclips und die Beratung in **Internetforen** anstelle der persönlichen Begleitung durch einen Imker-Paten aus dem Verein. In der Praxis gibt es gleich mehrere **Beutentypen** für Bienenhalter, die sich dieser Art des Imkerns verschrieben haben.

Guckimkern ist nicht schlecht Imkern!

Die Entwickler der verschiedenen Konzepte betonen, dass sie damit jungen Menschen einen leichteren, vermeintlich moderneren Einstieg in die Faszination der Bienenhaltung ebnen wollen. Doch auch für einfache Beutensysteme müssen Sie als angehender Imker qualifiziert sein! Dazu gehören ebenso **Grundkenntnisse** über die **Biologie** der

Bernhard Heuvel imkert am liebsten mit seiner Warré-Beute.

Biene, wie ein **Problembewusstsein** im Blick auf Varroa, Faulbrut und Co.

Daher ist es nur von Vorteil, wenn Sie in einem Kurs das klassische Imkern erlernen. Entscheiden Sie sich dann fürs Guckimkern, wissen Sie, worauf Sie verzichten und worauf Sie auch bei dieser Art der Bienenhaltung achten müssen.

Drähte, Rähmchen, Mittelwände? – Alles überflüssig mit der Warré-Beute

Die Bedürfnisse des Bienenvolks und des Bienenfreunds unter einen neuen Hut zu bringen, ist das Anliegen des rheinischen Imkers Bernhard Heuvel. Er hat sich auf eine Betriebsweise besonnen, die der französische Pfarrer Emile Warré (1876–1951) vor 100 Jahren entwickelt hat. „Bienenhaltung für jedermann" habe Warré gefordert und Heuvel möchte das auch.

Die Bauweise: Klein aber hoch

Der Warré-Stock ist eine **Magazinbeute**. Sie besteht aus vergleichsweise winzigen Zargen von 34 auf 34 cm Grundfläche Außenmaß und 21 cm Höhe. Zum Vergleich: Die Hohenheimer Einfachbeute im Zanderformat hat eine Grundfläche von 40 auf 50 cm.

Die Teile für den Warré-Bienenstock gibt es bisher nicht im Imkereifachhandel zu kaufen. Sie brauchen also etwas handwerkliches Geschick oder beauftragen einen Tischler für den Bau, um mit der

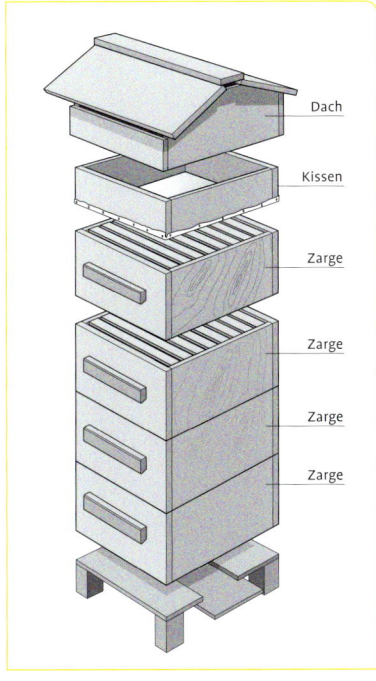

Oben: Komplette Warré-Beute im Sommer

Links: Einzelne Bauteile der Warré-Beute

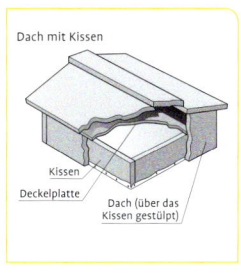

Dach mit Kissen

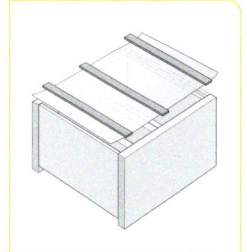

Futterzarge

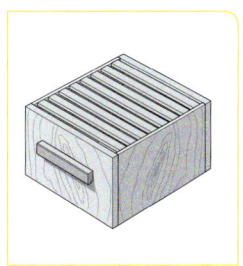

Zarge

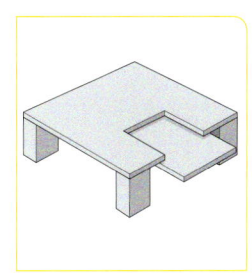

Boden

Warré-Beute imkern zu können. Alternativ können Sie die Beute halbfertig als Bausatz bei der Wiener Tischlerin Anita Thuminger erwerben (siehe Seite 171). Ideal für Guckimker sind die Zargen mit Fenstereinsatz, die diese Tischlerin anbietet.

Die Bienen bauen jede Zarge einzeln aus, sodass wie in der modernen Magazinimkerei mit mehreren **Zargen** gearbeitet werden kann. Ähnlich wie in Begattungskästchen gibt es in jedem Magazin der Warré-Beute Leisten als Oberträger, an denen Anfangsstreifen aus Mittelwandwachs befestigt werden können. Diese nutzen die Bienen, um ihren Wabenbau daran zu befestigen. Die Oberträger sind in den Zargen festgenagelt, sodass sie nicht wie bei der klassischen Imkerei umgehängt werden können.

Über den Brut- und Honigzargen befindet sich eine Flachzarge, die mit Holzwolle gefüllt ist. Dieses sogenannte **Kissen** dient dazu, die Feuchtigkeit im Stock zu regulieren. Oben wird die Beute durch ein Satteldach abgeschlossen. Die ganze Konstruktion ruht auf einem flachen Boden. Er besteht aus einer einfachen Platte mit einer Aussparung für das Flugbrett.

Die gesamte Beute besteht aus einem geschlossenen Boden mit vier Füßen, vier Zargen, dem Kissen und dem Dach.

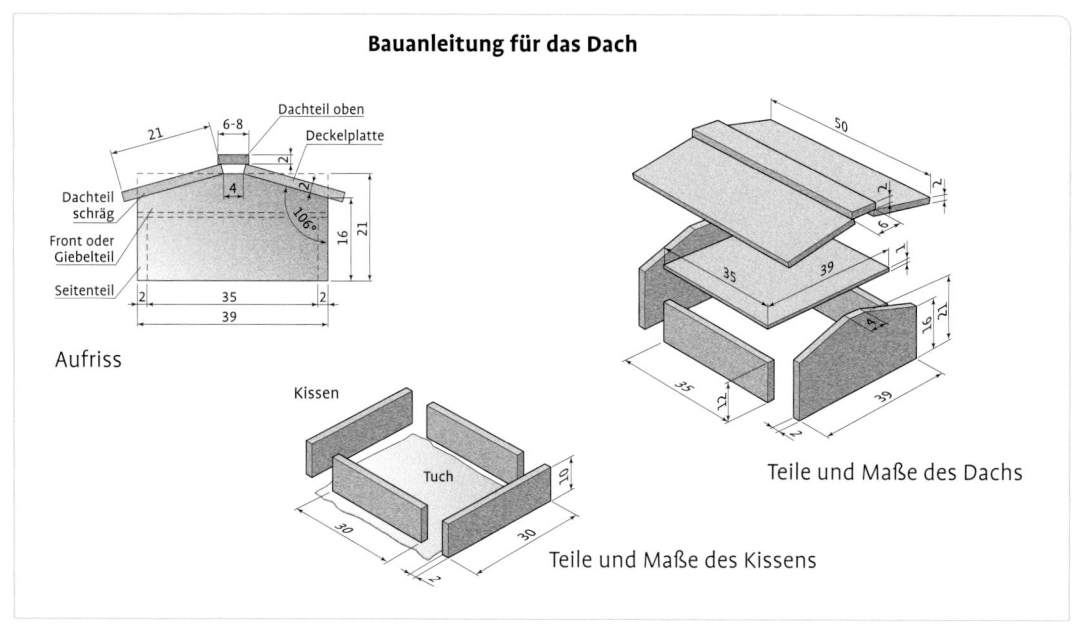

Bauanleitung für das Dach

Dachteil oben
Deckelplatte
Dachteil schräg
Front oder Giebelteil
Seitenteil

21
6-8
4
106°
16
21
35
39
2
2

Aufriss

Kissen
Tuch

30
30
10
2

Teile und Maße des Kissens

50
35
39
16
21
35
12
2

Teile und Maße des Dachs

Bauanleitungen für Zargen und Boden

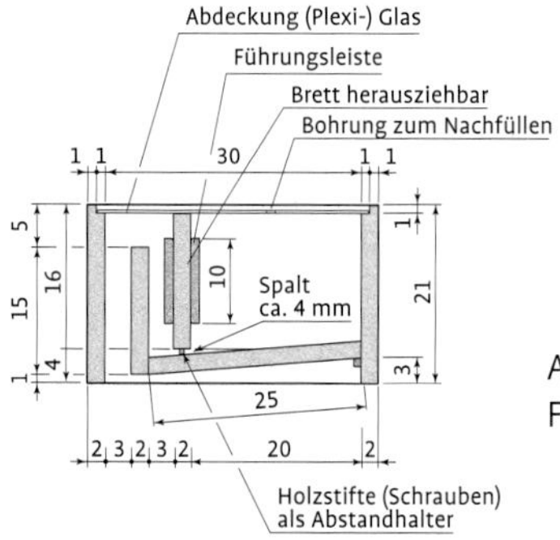

Abdeckung (Plexi-) Glas
Führungsleiste
Brett herausziehbar
Bohrung zum Nachfüllen

1 1
30
1 1
5
16
15
4
1
10
Spalt ca. 4 mm
1
21
3
25
2 3 2 3 2
20
2

Holzstifte (Schrauben) als Abstandhalter

Aufriss Futterzarge

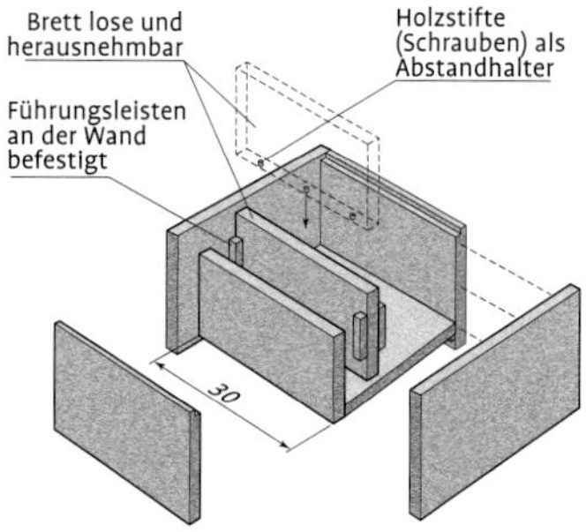

Brett lose und herausnehmbar
Holzstifte (Schrauben) als Abstandhalter
Führungsleisten an der Wand befestigt

30

Teile und Maße der Futterzarge

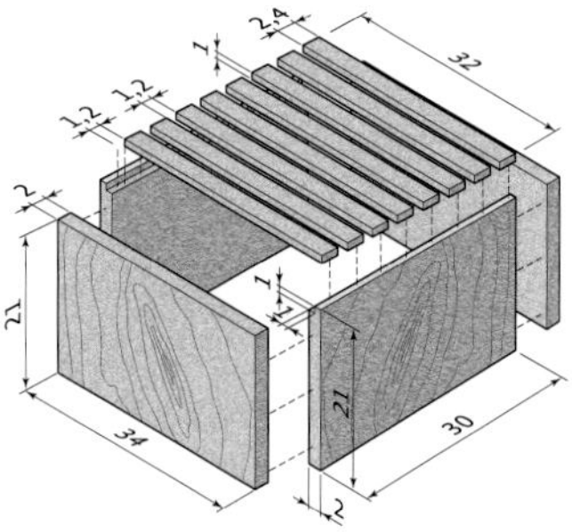

2 4
32
2 2
2
21
21
34
30
2

Teile und Maße der Zarge

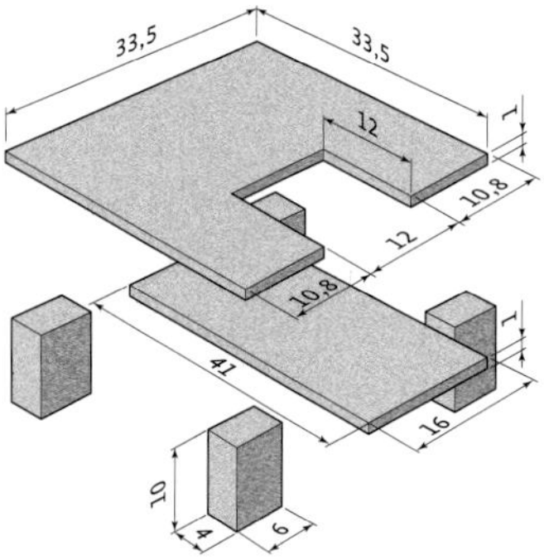

33,5
33,5
12
1
10,8
12
10,8
41
16
1
10
4 6

Teile und Maße des Bodens

So imkern Sie mit der Warré-Beute

Für eine detaillierte Anleitung zum Imkern in der Warré-Beute finden Sie Internetadressen im Serviceteil, Seite 171. Bernhard Heuvel ergreift keine schwarmunterdrückenden Maßnahmen. Seine Bienen können also ihrem **natürlichen Vermehrungstrieb** folgen. Es geht aber auch anders. Bekanntlich sind Schwärme in der Stadt aufgrund der hohen Bevölkerungsdichte problematisch.

Nur zwei Eingriffe im Jahr

Warré-Imker Bernhard Heuvel aus Rheinberg: „Ich habe das System von Emile Warré übernommen, der in Magazinkästen mit Stabil-Naturbau imkerte. Das heißt: keine Rähmchen, keine Drähte, keine Mittelwände! Meine Betriebsweise kennt nur zwei Operationen im Jahr, die an der Beute durchgeführt werden: das Erweitern im Frühjahr und die Ernte im Herbst. So erfahre ich das Lebewesen Biene in zahlreichen Stunden der Beobachtung und dem Wirken lassen."

Vermehrung

Da die Warré-Beute ein auf Zargen basierendes System ist, können Sie einen **Flugling** zur Vermehrung bilden. Dazu wird ein Brutraum abgenommen, auf einen neuen Boden und eine Leerzage gestellt und mit einem Dach versehen. Dann wird das „große" Volk auf kurze Entfernung an einen anderen Platz verstellt. Alle Flugbienen fliegen an den „alten" Platz zurück und bilden dort einen Flugling. Je nachdem, in welchem Teil des Volkes die **Königin** fehlt, werden die Pflege- oder Ammenbienen eine neue Königin heranziehen. Wenn es funktioniert, haben Sie nun zwei Völker.

Honigernte

Nach den ersten kalten Nächten im Herbst ist für Sie als Warré-Imker der **Zeitpunkt** der Honigernte gekommen. Die Bienen bilden dann eine Wintertraube in den unteren Zargen. Sie können also die Räume mit dem Honig einfach abnehmen. Sie brauchen dazu weder eine Schutzbekleidung noch einen Besen, weil alle Bienen in der **Wintertraube** und somit nicht mehr im Honigraum unterwegs sind.

Da die Zargen außerdem nicht von den Bienen mit Wachs zusammengebaut werden, können Sie diese problemlos abnehmen, ohne dass der fragile Wabenbau beschädigt wird. **Kontrollieren** Sie bei der Ernte, ob die Bienen genug Honig für die Überwinterung haben. Kommen Ihnen die Zargen sehr leicht vor, belassen Sie Ihren

Tipp

Bernhard Heuvel nutzt keine Anfangsstreifen. Er lässt seine Bienen bauen wie es ihnen gefällt und so errichten sie einen faszinierenden, elegant geschwungenen Wildbau, kreuz und quer zu den Leisten.

Insekten eine Honigzarge. So entnehmen Sie wirklich nur den Honigüberschuss, den Ihre Tiere nicht bis zum nächsten Frühjahr benötigen.

Trennen Sie die Honigwaben anschließend mit einem längeren Messer von der Seitenwand des Magazins und von den Leisten. Die prall mit Honig gefüllten **Naturbauwaben** presst Bernhard Heuvel mit einer Spindelpresse aus, wie sie für das Keltern von Obst genutzt wird.

Ein- und Auswintern

Die Bienen gehen mit zwei Zargen in den Winter. Für die **Ameisensäurebehandlung** nehmen Sie pro Volk ein Schwammtuch, das Sie bei abgenommenem Honigraum auf die Leisten des obersten Brutraums legen. Die tägliche Verdunstungsmenge sollte bei 12 bis 15 ml liegen.

Im kommenden Frühjahr, wenn das Bienenvolk wieder seinen Aufschwung nimmt, stellen Sie zwei, nur mit den Leisten ausgestattete Zargen unter das Volk. Wie in der Natur bauen die Bienen ihre Waben nach unten aus.

Imkern ohne Kreuzschmerzen – die Trogbeute

Zu den ältesten Beutentypen gehört die Trogbeute. Im Unterschied zu Zargen wächst der Bau nicht in die Höhe sondern in die Tiefe. Bereits im alten Ägypten wurde in langen Tonröhren geimkert. Die Römer verwendeten 30 cm schmale und 90 cm lange Kisten. Sie alle sind Vorläufer der Trogbeute.

Es ist der große Vorteil dieses Beutentyps, dass keine schweren Honigzargen abgenommen werden müssen.

Das macht diese Beute zu einem beliebten Typ für rückengeschädigte und andere Menschen, die nicht schwer heben möchten oder können. Am einfachsten stellen Sie sich eine Trogbeute wie eine umgelegte Magazinbeute vor. Dann ist vorne in Fluglochnähe der Brut- und dahinter der Honigraum. Dazwischen ist ein Trennschied oder Absperrgitter.

Für die Guckimkerei eignet sich besonders die **Top-Bar-Hive**. Sie wurde ursprünglich von Entwicklungshelfern für afrikanische Bäuerinnen entwickelt, die für die Bienenhaltung verantwortlich sind. Es gibt zwei Bauweisen:

- Die Kenyan Top-Bar-Hive (KTBH) hat schräge Wände wie ein Begattungskästchen.
- Die Tanzanian Top-Bar-Hive (TTBH) hat gerade Wände.

Für den afrikanischen Busch erfunden, in europäischen Städten beliebt: die Top-Bar-Hive.

Die Beuten können aus **Holz** oder **Kunststoff** sein. Weltweit gibt es in den Industrieländern immer mehr Imker, die diesen Beutentyp für sich entdecken und im Hausgarten aufstellen. Im Englischen findet man daher auch die Bezeichnung Backyard-Hive (Hintergarten-Beute) für die Top-Bar-Hive.

Die Bauweise: Eine Kiste mit schrägen Wänden

Die Vorteile liegen in der relativ einfachen Herstellung dieser Beute. Sie müssen kein geübter Heimwerker sein. Die großen Teile können Sie sich im Baumarkt zusägen lassen. Die Top-Bar-Hive ist eine 1 m lange und 60 cm breite Kiste mit schrägen Wänden. Es gibt nur ein genau einzuhaltendes Maß, das die Breite der Oberträger beschreibt und den Abstand von Wabenmitte zu Wabenmitte der parallel gebauten Waben angibt. Stimmt diese Distanz, dann ziehen die Bienen an einem Wachsstreifen oder an einer gefrästen Holzkante ihre Waben nach unten aus.

Tipp

Entscheiden Sie sich im Zweifel für die Kenianische Variante. Die schrägen Wände dieser Beutenform verhindern, dass die Bienen ihre Waben fest am Rand der Beute befestigen. So können Sie die Waben dann viel leichter entnehmen.

Der **Boden** ist offen und nur mit einem Varroagitter versehen. Die Oberträger, an denen die Bienen ihre Waben anbauen, bilden in ihrer Gesamtheit den Deckel der Kiste. Die Oberträger sind oben lose auf den Rand der Beute aufgelegte Leisten. Jede Leiste hat eine Breite von 35 mm und einer Dicke von 17 mm. Am Rand ist eine Kante ausgefräst, sodass die Leiste auf dem Rand Halt hat und dort einhakt. Der **Honigraum** der Top-Bar-Hive kann mit einem Absperrgitter vor der stiftenden Königin abgeschirmt werden.

An den Stirnseiten der Beute befinden sich zwei Drahtschlingen. Sie dienen zum **Aufhängen** der Beute. In Afrika werden sie an Ästen oder zwischen zwei Bäumen aufgehängt und verhindern, dass Honigdachse, Termiten und Ameisen die Vorräte plündern. Sie können die etwas an einen Sarg erinnernde Beute auch auf zwei Böcke aus dem Baumarkt stellen oder – afrikanisch – zwischen zwei in den Boden gerammte Holzpfosten spannen. In Deutschland schützt diese Aufstellung gegen Ameisen und Rempeleien mit dem Rasenmäher.

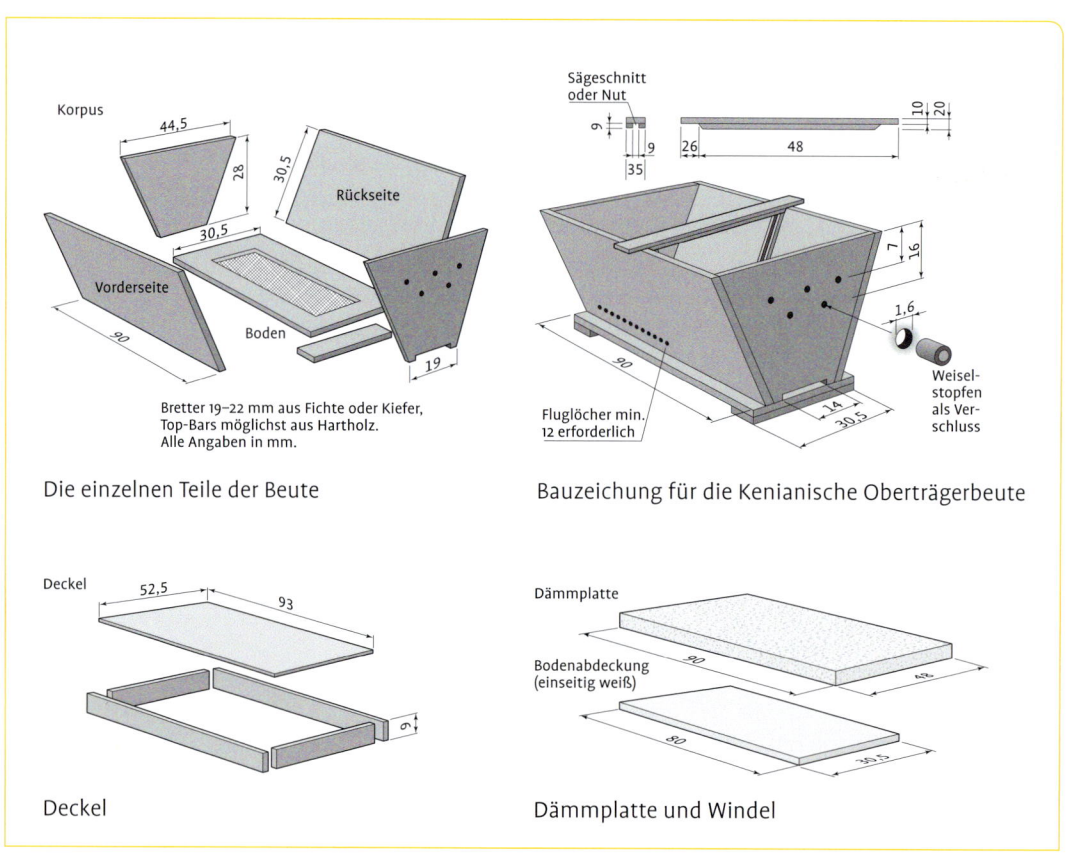

Die einzelnen Teile der Beute

Bauzeichnung für die Kenianische Oberträgerbeute

Deckel

Dämmplatte und Windel

So imkern Sie in der Top-Bar-Hive

In Afrika hängen die imkernden Frauen leere Beuten in die Bäume. Sie werden Schwärmen, die ein Dach über dem Kopf suchen, zum Besiedeln angeboten. Auch hierzulande füllen Sie Ihre Top-Bar-Hive am besten durch einen **Natur- oder einem Kunstschwarm** mit Leben. Er hat die erforderliche Energie, um rasch einen Wabenbau zu errichten und für sich zu sorgen.

Füttern Sie den Kunstschwarm. Der ideale Ort für den Futtereimer ist der Honigraum hinter dem Absperrgitter. Dies verhindert, dass die Bienen in die Nähe des Futters umziehen und ihren Wabenbau rund um den Eimer errichten.

Ist das Volk dann in Schwung und steht eine Tracht an, räumen Sie den Honigraum und überlassen alles Weitere Ihren Bienen. Sie werden nun auch im Honigraum Waben an den Unterseiten der Oberträger errichten und diese mit Honig füllen.

Zur **Nachschau** können Sie die Waben an den Oberträgern mit der Hand anheben und gegebenenfalls auch entnehmen. Die Oberträger können Sie bequem an den Ohren packen, die auf den Seiten der Beute aufliegen und daher wachs- und honigfrei sind.

Für die **Honigernte** entnehmen Sie die Oberträger an den Ohren. Im Gegensatz zu Wildbau, den Sie nur auspressen können, haben Sie bei den an den Oberträgern hängenden Waben sogar die Möglichkeit, diese auszuschleudern. Dazu verwenden Sie am besten einen World-extractor (siehe Seite 82). Zum Pressen nutzen Sie eine Obst- oder eine Kartoffelpresse.

Die **Varroa-Milbe bekämpfen** Sie in diesem Beutentyp mit einem Nassenheider Vertikalverdunster. Dazu entnehmen Sie eine Leiste und hängen den mit Draht an einer Leiste befestigten Verdunster nah an das Brutnest. Alternativ können Sie einen Nassenheider Horizontalverdunster verwenden und ihn in den Honigraum stellen. Eine genaue Beschreibung finden Sie beim Text zur Bienenkiste.

Tipp

Die Top-Bar-Hive können auch ungeübte Bastler nachbauen.

Eine Alternative zu Magazinen

Guido Frölich aus Fulda:

„Nach mehreren Jahren Hobby-Imkern mit Magazinbeuten waren Beruf, Familie und Bienen nicht mehr unter einen Hut zu bekommen. Auch wenn ich mich lange geziert habe, kam ich zur Überzeugung, dass das Imkern in der Top-Bar-Hive eine Alternative für mich sein könnte. Seit dem Sommer 2005 hängt ein Volk bei uns im Garten. Und während der Bienensaison kann ich mich täglich bei der Fluglochbeobachtung für ein paar Augenblicke lang bei meinem „Aquarium-Volk" entspannen."

Alles in einer Box – die Bienenkiste

Die Bienenkiste gehört zum Typus der Trogbeuten. Sie ist darum der Top-Bar-Hive ähnlich. Allerdings ist sie noch einfacher als diese konstruiert. Entwickelt hat sie der Hamburger Imker Erhard Klein in Zusammenarbeit mit Millfera e. V., Vereinigung für wesensgemäße Bienenhaltung. Nach Kleins Angaben brauchen die Bienen in der Kiste bis zu zwölf Stunden Betreuungsaufwand pro Jahr. Das sind zehn Stunden mehr als Sie für Bienen in einer klassischen Magazinbeute aufwenden müssen! Klein empfiehlt, die Kiste im Garten aufzustellen. Ebenso gut funktioniere Sie aber auch auf einem Dach oder dem Balkon.

Die Bauweise: Alles ganz einfach

Die Kiste ist so einfach konstruiert, dass Sie sich die Teile vom Zuschnittservice im Baumarkt aus Tischler- oder Regalplatten zurechtsägen lassen können. Sie müssen die Teile dann nur mit Holzschrauben und etwas Leim verbinden und fertig ist die Bienenkiste.

Sie ist eine einfache, lange, flache Holzkiste. An der Stirnseite hat sie einen Spalt als Flugloch für die Bienen. Der **Boden** und die **Rückwand** sind **abnehmbar**. Alle anderen Teile sind fest miteinander verbunden. Die Kiste ist wie bei der Top-Bar-Hive in einen vorderen **Brutraum** – das „Wohnzimmer der Bienen" und in einen dahinter liegenden **Honigraum** aufgeteilt. Der Brutraum nimmt zwei Drittel der Kiste ein, ein Drittel entfällt auf den Honigraum.

Als Imker geben Sie den Bienen vor, wie sie ihre Waben bauen sollen. Im Unterschied zur Top-Bar-Hive bauen die Insekten nicht quer sondern parallel zu den Seitenwänden. Diese Bauweise wird **Kaltbau** genannt. In die Kiste passen zwölf Waben. Damit Sie das gewünschte Ergebnis erzielen, befestigen Sie 20 mm hohe **Anfangsstreifen** einzeln an den Leisten, die nachher unter dem nicht abnehmbaren Deckel festgeklemmt werden. Diese Leisten haben ein Profil von 35 x 10 mm. In die Mitte fräsen Sie mit der Kreissäge einen Schlitz. Darauf tropfen Sie etwas heißes Wachs und drücken, ehe es aushärtet, den Anfangsstreifen hinein. Diese Anfangsstreifen-Leisten befestigen Sie mithilfe von zwei Querleisten unter dem Kistendeckel. So ist es später möglich, die einzelnen Waben zu entnehmen.

Nach dem Einsetzen der Anfangsstreifen-Leisten trennen Sie den vorderen Raum durch ein Holzbrett, das **Trennschied**, vom hinteren Raum ab. Dieses Holzbrett versperrt allen Bienen

Bienenkasten

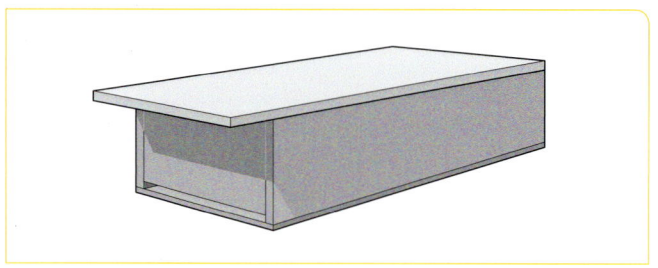

Entlang von Anfangs-
streifen bauen die
Bienen in der Bienen-
kiste.

den Weg in den Honigraum. Bei **Tracht** wird das Trennschied entnommen und die Bienen können den **Honigraum** füllen. Ein Absperrgitter ist bei der Bienenkiste nicht vorgesehen. In den Honigraum
hängen Sie keine Anfangsstreifen, sondern **Mittelwände**. Dort lagern
die Bienen in den kommenden Wochen ihre Honigüberschüsse ab, die
Sie dann später ernten können.

Imkern in der Bienenkiste

Wenn Sie Ihr Volk kontrollieren möchten, kippen Sie die Kiste über
die Stirnseite nach vorne. Ein kleiner am Dach befestigter Ständer
hilft Ihnen, die Kiste aufrecht zu stellen. So lösen Sie den Boden einfach. Sie schauen also von unten auf die Waben und können die Entwicklung des Bienenvolkes beobachten.

Zur Beginn der **Obstblüte** entnehmen Sie das Trennschied. In den hinteren leeren Raum hängen Sie zwölf an Leisten angeklebte Mittelwände. Zur **Schwarmzeit** im Mai/Juni kippen Sie Ihre Bienen spätestens alle neun Tage. Eventuelle Schwarmzellen sind nun sehr gut an der Unterseite der Waben zu erkennen. Erhard Klein empfiehlt, nun die Nachbarn darüber zu informieren, dass demnächst ein Schwarm abgehen wird. Fangen Sie den Schwarm und quartieren Sie ihn in eine vorbereitete Bienenkiste ein. Überlassen Sie das abgeschwärmte Volk sich selbst, damit es sich selbst verjüngen kann.

Im Juli können Sie Honig ernten. Dazu schneiden Sie einen Tag vor der **Honigernte** die nun von den Bienen durchgängig gebaute Wabe an der Nahtstelle vorsichtig durch. Über Nacht reparieren die Bienen die Schnittstelle, bauen sie aber nicht mehr mit den Brutraumwaben zusammen. Zur Honigernte nehmen Sie die Honigraumwaben vorsichtig aus ihrer Halterung heraus und schleudern sie zum Beispiel im Worldextractor aus.

Nach der Honigernte ist der Honigraum leer. Für die **Sommerbehandlung** mit **Ameisensäure** brauchen Sie die Beute nicht aufzuklappen. Jetzt entnehmen Sie die Rückwand der Beute und stellen Sie einen Nassenheider Horizontalverdunster so nahe wie möglich an das Wabenwerk heran. Nach zehn Tagen müssen 100 ml Ameisensäure verdunstet sein. Dann entnehmen Sie den Verdunster und setzten wieder das Trennschied ein.

Im **September** kippen Sie die Beute wieder nach vorne auf eine Personenwaage. Ist sie ungewöhnlich leicht, kann das an fehlenden Futtervorräten liegen. Dann stellen Sie hinter das Trennschied im Honigraum ein **Futtergefäß**, das Sie mit Zuckerlösung füllen. Dabei die Schwimmhilfe nicht vergessen. Anschließend ist eine weitere Varroabehandlung nötig.

Zur **Winterbehandlung** mit **Oxalsäure** klappen Sie die Beute wieder auf und träufeln die Lösung in die Wabengassen.

Esoterisch Imkern – Anastasias Kiste

Anastasia ist die wahrscheinlich einzige Romanfigur, die einen Bienenbeutentyp erfunden hat. Geschaffen hat sie der russische Schriftsteller Wladimir Megre. Er gibt an, ihr 1994 begegnet zu sein, als er mit einem Handelsschiff den sibirischen Fluss Ob entlang fuhr, um die anliegenden Dörfer mit notwendigen Gütern zu versorgen. Er habe sich in die auf einer Waldlichtung lebende Anastasia verliebt, mit ihr einen Sohn gezeugt und ihre Ideen und Weisheiten aufgeschrieben.

Für Megres Leser ist Anastasia eine lebende Person. In „Tochter der Taiga", dem Band 1 der achtteiligen Reihe, widmet sie sich der

Anastasias Kiste soll nicht nur Bienen sondern soll auch positive Energie in den Garten bringen.

Bienenhaltung, doch Ihre Ideen reichen noch weiter. In Russland gibt es mittlerweile Anastasia-Vereine, die sich in Bereichen des Umweltschutzes, der Pflanzenzucht, der Nutzung von Heilpflanzen und der Kindererziehung engagieren. Es gibt lebensreformerische Kolonien, die nach den esoterischen Anastasia-Regeln leben und dort Bienen in der von „ihr" beschriebenen, schräg aufgestellten, einfachen Kiste halten.

Auch in Deutschland gewinnt diese am Vorbild verwilderter Bienen orientierte Haltungsform immer mehr Freunde. Ihr Antrieb ist nicht nur der Honig, sondern Sie fühlen eine „Energie" von den Bienen ausgehen, die sich positiv auf den Garten und die Gesundheit des Menschen auswirke.

Anastasia übt deutliche Kritik an der ihrer Meinung nach nicht wesensgemäßen, herkömmlichen Imkerei: „Die Sache ist die, dass eure Imker sich nicht richtig verhalten. Großvater hat mir das gesagt. Die heutigen Imker haben viele verschiedene Konstruktionen für Bienenstöcke ausgeklügelt, und bei ihnen allen ist eine ständige Einmischung des Menschen in den Bienenkasten vorgesehen. [...] So etwas darf man nicht tun. [...] Jede Einmischung zerstört dieses System. Anstatt Honig zu sammeln und Jungbienen aufzuziehen, müssen die Bienen dann den von den Menschen angerichteten Schaden beheben."

Die Bauweise: Schwer wie die russische Seele

Anastasias Kiste ist eine vereinfachte Konstruktion der Bienenkiste. Wie bei ihr lassen sich der Boden, sowie der vordere und der hintere Deckel abnehmen. In Megres Buch teilt Anastasia zum Bau der Bienenkiste Folgendes mit:

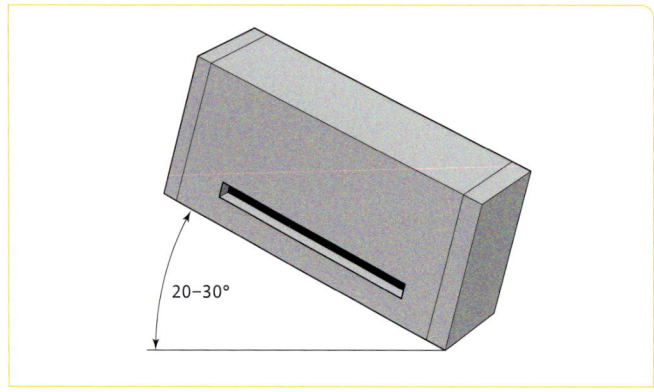

20–30°

Neigungswinkel bei der Aufstellung von Anastasias Bienenkiste.

„Man muss zunächst ein Gehäuse herstellen. Dazu [...] zimmert man es aus Laubholzbohlen zusammen. Hierzu sollte die Brettstärke mindestens 6 cm betragen. Die Innenmaße sollten nicht weniger als 40 mal 40 cm sein, die Tiefe wenigstens 1,20 m. Die Innenkanten des Gehäuses werden mit abgerundeten Eckleisten verkleidet. [...] Eine Stirnseite soll mit einem Brett von gleicher Stärke wie das Gehäuse verschlossen werden, die andere mit einer Art Deckel. Dieser Deckel soll der Öffnung so angepasst werden, dass es mit etwas Gras oder Tuch dicht geschlossen werden kann. [...] Entlang eines der Längsfugen des Hauses sollen etwa 1,5 cm hohe Schlitze gesägt werden. Diese Schlitze sollen in einem Abstand von mindestens 30 cm zur Deckelseite aufhören. Ein solches Bienenhaus kann man irgendwo auf dem Grundstück auf Pfählen aufstellen. Dabei soll die Höhe über dem Boden mindestens 20 bis 25 cm betragen. Die Seite mit den Schlitzen soll nach Süden weisen. Der Kasten soll in einem horizontalen Neigungswinkel von 20 bis 30 Grad angebracht werden. Die Seite mit dem Deckel soll dabei nach unten weisen. [...] Das Bienenhaus muss durch eine Art Dach vor der Sonne geschützt sein."

Bienen halten in Anastasias Kiste

Mit Imkern hat Anastasias Kiste nichts gemein, denn die Bienen sollen keinen Honig sondern vor allem positive Energie liefern. Besiedelt wird die Kiste mit einem **Schwarm**, indem zuvor in den Hohlraum ein Stück Wachs und einige „honighaltige Kräuter" gelegt werden. Dann wird der Schwarm vor die Kiste gekippt und zieht durch die Schlitze in diese ein.

Die Honigernte beschreibt Anastasia so: „Man öffnet den unteren Deckel, bricht etwas von den hängenden Waben ab und entnimmt den darin enthaltenen Honig und die Pollen. Aber man sollte nicht gierig sein, denn die Bienen brauchen einen Teil für den Winter. Im ersten Jahr sollte man am besten gar keinen Honig entnehmen."

Die meisten Anastasia-Imker sind mit großer Begeisterung bei der Sache, und sie meinen, die positive, heilende Energie der Bienen zu spüren. Allerdings folgt der Euphorie oft die Ernüchterung, wenn die Bienenvölker den Winter nicht überleben.

Anastasia sagt selbst, dass sie nicht imkern könne. Sie habe ihr Wissen von zwei Mönchen, die in der von ihr beschriebenen Kiste Bie-

Unabhängig davon, welche Bienen-rasse Sie in einer Anastasia-Kiste ansiedeln, die große Bedrohung jedes einheimischen Bienenvolkes bleibt die Varroa-Milbe.

Daher müssen Sie Ihre auch Bienen in der Anastasia-Kiste behandeln. Orientieren Sie sich dabei an der Betriebsweise wie bei der auf Seite 162 beschriebenen Bienenkiste.

nen ohne jeden menschlichen Eingriff halten. Dieses Eingeständnis und die Einsicht, dass die klimatischen Verhältnisse in Deutschland und Sibirien ganz verschieden sind, nutzen Anastasia-Imker dazu, eine für **Mitteleuropa** passende **Betriebsweise** zu entwickeln. Sie verwenden zum Teil dünnere Bohlen. Andere besiedeln sie nicht mit den hierzulande verbreiteten Bienen der **Carnica-Rasse**, sondern setzen auf die Wiederansiedlung der Dunklen oder **Schwarzen Biene**. Das ist eine Rasse, die in unserem Raum bis in die 1950er Jahre gehalten wurde. Dann wurde sie von der friedlicheren, schwarmträgeren und an den Klimawandel besser angepassten Carnica verdrängt.

Alternative Beuten im Vergleich zum klassischen Magazin

Kenner der Imkerszene meinen augenzwinkernd, dass bei einem Treffen von drei Imkern heftig über fünf verschiedene Beutensysteme gestritten werde. Damit Sie mitreden können, finden Sie in Tabelle 5 eine Zusammenstellung der möglichen Entscheidungsgründe für die in diesem Kapitel vorgestellten Beuten. Den Entscheidungsgrund „wesensgemäße Bienenhaltung" finden Sie hier nicht, denn es ist noch keinem Bienenforscher gelungen, die Bienen danach zu fragen, worin sie sich am wohlsten fühlen. Tatsache ist: In allen Beuten können Sie Bienen halten, doch für Sie als Imker macht es einen Unterschied.

Honig ernten ohne Schleuder

Die einfachste Möglichkeit Honig aus der Wabe zu gewinnen, ist **Tropfhonig**, auch **Honigseim** genannt. Dabei trennt sich der Honig allein durch die Schwerkraft vom Wachs.

So gehen Sie vor

Begeben Sie sich in einen geschlossenen, also bienendichten, trockenen und geruchsfreien Raum, da Honig leicht Gerüche annimmt. Je wärmer die Umgebungstemperatur, desto schneller geht es. Ideal sind mindestens 24 bis 28 °C. Es geht natürlich auch bei Zimmertemperatur.

So unterscheiden sich die verschiedenen Guckimker-Beuten

Entschei-dungs-grund	Kosten	Gesundheits-kontrolle	Bearbeitung-qualität	Schwarm-Verhinde-rung	Honigernte	Einfütterung
Beutentyp						
Magazin-beute	Für die fertige Beute 120 € incl. Rähm-chen und Mit-telwänden	Leicht, da die Waben einzeln entnommen werden kön-nen.	Komfortabel, jeder Eingriff ist möglich.	Verschiede-ne Verfah-ren mög-lich.	Leicht, mehrfaches Ernten ist möglich.	Einfach durch Futter-geschirre.
Warré-Beute (mit An-fangs-streifen)	Für die vorge-fertigte Beute, einzelne Teile kommen als Bausatz, 130 €	Nicht möglich, da die Ober-träger zwar vorhanden, aber nicht entnommen werden kön-nen.	Eingriffe sind nicht vorgese-hen.	Ist nicht vorgese-hen, aber durch Ver-stellen und Fluglings-bildung möglich.	Leicht, nur eine Ernte ist möglich, da bis zum Herbst ge-wartet wer-den muss.	Einfach, aber nicht vorgesehen.
Top-Bar-Hive	Nur im Selbst-bau. Material-preis 130 €	Möglich, da einzelne Ober-träger mit dem Waben-bau entnom-men werden können.	Eingriffe sind nicht vorgese-hen, aber gut möglich.	Nicht vor-gesehen, aber durch Umhängen einzelner Waben in Brutableger möglich.	Leicht, mehrfaches Ernten ist durch das Absperr-gitter möglich.	Einfach, im ausge-räumten Honigraum.
Bienen-kiste	Nur im Selbst-bau. Material-preis 130 €	Möglich, aber umständlich, da einzelne Waben aus ihrer Halte-rung gezogen werden müs-sen.	Umständlich, da die Beute erst gekippt und dann auf-geklappt wer-den muss. Die Oberträger stecken in ei-ner zu lösen-den Halterung.	Nicht mög-lich und nicht vor-gesehen.	Nur eine Ernte mög-lich um-ständlich, nimmt mindestens zwei Tage in An-spruch.	Umständlich, in mehreren kleinen Porti-onen wie bei alten Hinter-behandlungs-beuten.
Anasta-sias Kiste	Nur Selbstbau und sehr teuer durch die vor-geschriebenen dicken Bohlen aus Hartholz. Materialpreis mindestens 300 €	Nicht möglich, wegen Stabil-bau.	Nicht möglich und auch nicht vorgese-hen.	Nicht mög-lich und nicht vor-gesehen.	Sehr um-ständlich, da der Im-ker nur schwer an den Honig gelangt.	Nicht vorge-sehen und auch unmög-lich, da die Kiste mit Nei-gung steht und das Flüs-sigfutter aus-laufen würde.

Schütten Sie die zerdrückten Waben in ein Salatsieb zum Abtropfen. Nehmen Sie am nächsten Morgen das Sieb ab und freuen Sie sich über Ihren Honig.

- Die Waben werden von den Trägerleisten abgeschnitten. Achten Sie darauf, dass keine Bienen mehr auf den Waben sitzen, beziehungsweise festkleben oder in einzelnen Zellen stecken!
- Legen Sie die ausgeschnittenen Waben in eine große Schüssel.
- Zerdrücken Sie mit gewaschenen Händen die Waben, sodass die Zellen aufplatzen und der Honig herausquellen kann.
- Mit einem Teigschaber füllen Sie das Honig-Wachs-Gemisch in ein Salatsieb, das Sie über einen großen Topf oder eine große Schüssel hängen.
- Nun lassen Sie alles eine Nacht in dem warmen Raum stehen. Am nächsten Morgen haben Sie einen feinen Tropfhonig. Wenn Sie ihn ganz sauber gewinnen möchten, lassen Sie den Honig noch durch ein Spitzsieb laufen.
- Füllen Sie den Honig nun in Gläser ab.

Wenn Sie größere Mengen Honig gewinnen möchten, können Sie sich auch eine einfache **Filterkonstruktion bauen**:

Sie brauchen dazu: 2 stapelfähige Honigeimer mit Deckel und einem Fassungsvermögen von je 25 kg sowie eine Bohrmaschine mit 1,5 oder 2 mm-Bohrern.

In einen der Honigeimer-Deckel schneiden Sie ein großes rundes Loch. In einen der Eimer bohren Sie in den Boden mit der Bohrmaschine und dem feinen Bohrer möglichst viele Löcher. Anschließend setzten Sie die Teile in dieser Reihenfolge zusammen:

Unten steht der Honigeimer ohne Löcher im Boden. Diesen verschließen Sie mit dem gelochten Deckel. Darauf stellen Sie den Honigeimer mit den Löchern im Boden.

Dann füllen Sie das Honig-Wachs-Gemisch in den oberen Eimer. Legen Sie den ungelochten Deckel locker auf, sodass keine Verunreinigungen in den Eimer gelangen können. Der Honig tropft durch den Boden in den unteren Eimer. Um ihn vor der Abfüllung zu lagern, brauchen Sie nur noch einen geschlossenen Deckel auf den Eimer drücken und ihn so verschließen.

Erfreuen Sie sich an den Cousinen unserer Bienen – den Wildbienen

Bereits im März melden sich aufgeregte Städter bei der Feuerwehr, dem Naturschutzamt oder beim Imker und berichten, dass unter ihrer Treppe ein Bienenschwarm sitze oder gerade in die Schilfmatten eingezogen sei, die als Sichtschutz am Balkongitter befestigt sind.

Dabei handelt es sich immer um Wildbienen. Denn es gibt außer der Honigbiene noch rund 500 weitere **Bienenarten**. Diesen Wildbienen kommt eine große Bedeutung bei der Bestäubung zu, auch weil sie im Frühjahr bei Sonnenschein aber noch kälteren Temperaturen oft vor den Honigbienen unterwegs sind und sich um die sehr frühen Blüten kümmern.

Dass die Bienen aus der Schilfmatte krabbeln, hängt mit ihrer Lebensweise zusammen. Die meisten Wildbienen leben **solitär**, das heißt jedes Weibchen baut sein Nest und versorgt seine Brut für sich allein. Dazu nutzen sie Hohlräume aller Art, die Sie ihnen als Guckimker anbieten können. Die Weibchen bauen **Brutröhren** in morsches Holz, alte Zaunpfählen, hohle Stängel von Pflanzen, Steinspalten, Sandgruben oder Wege und versorgen ihre Brut ohne die Mithilfe ihrer Artgenossinnen. Als Nahrung dient ihnen Nektar und Blütenstaub, welchen sie neben ein von ihnen gelegtes Ei deponieren. Dann wird die Brutkammer mit Lehm oder Harz verschlossen und die Brut entwickelt sich selbstständig weiter, bis sie im zeitigen Frühjahr schlüpft.

In dieses Begattungs-
kästchen haben sich
Wildbienen einquar-
tiert. Schön sind die
einzelnen mit Brut, Pol-
len und Honig gefüllten
Kammern zu sehen.

So bauen Sie eine Nisthilfe für Wildbienen

Sie können Wildbienen beobachten, wenn Sie ihnen im Jahr zuvor
eine Nisthilfe angeboten haben. In gut sortierten Gartenmärkten
können Sie sich ein sogenanntes **Insektenhotel** besorgen – oder Sie
basteln selbst eines.

- Dazu schneiden Sie **Bambusrohr** mit einem Innendurchmesser
  von 3 bis 10 mm jeweils hinter dem Knoten so durch, dass das
  hintere Ende durch diesen Knoten einen natürlichen Abschluss
  hat, während das vordere Ende für den Nestbau zugänglich bleibt.
  Die Bambusstücke sollten 10 bis 20 cm lang sein.
- Diese **bündeln** Sie und stecken sie in eine Dose. Auf diese Weise
  verhindern Sie, dass Spechte sich die kleinen Wildbienenlarven
  herauspicken. Statt Bambus können Sie auch **Schilfrohr** verwenden.
- Für eine andere Art von Nisthilfe benötigen Sie abgelagertes und
  entrindetes **Hartholz**, zum Beispiel Eiche, Buche oder Esche. Es
  darf nicht mit Holzschutzmittel behandelt sein! Bohren Sie 5 bis
  10 cm tiefe **Löcher** mit verschiedenen Durchmessern von 2 bis
  10 mm in die Holzstücke.
- Glätten Sie die Holzstücke rund um die Bohrlöcher mit etwas
  Sandpapier, damit nicht einzelne Holzfasern den Bienen den
  Zugang zu den Gängen versperren. Klopfen Sie das **Bohrmehl**
  heraus. Nadelholz ist ungeeignet, da es beim Bohren fasert, die
  Wildbienen aber **glatte Innenwände** benötigen.
- Bauen Sie alles in eine flache Kiste ein. Die Zwischenräume können Sie mit Holzwolle ausstopfen, sodass alles festsitzt und nichts
  herausfällt.

Ein Schmuckstück
ist diese Nisthilfe für
Wildbienen.

Wie Sie für eine schnelle Besiedelung Ihrer Nisthilfe sorgen
Hängen Sie die Nisthilfe an einem **sonnigen Platz** auf und zwar so,
dass die Gänge waagerecht in Richtung Süden liegen. Schrauben Sie
die Nisthilfe zum Beispiel an der **Hauswand** fest. Sie darf nicht hin
und her wackeln, denn die Wildbienenbrut ist erschütterungsemp-
findlich.

Sonst brauchen Sie nichts weiter zu tun. Alte Nistgänge, aus
denen die Brut geschlüpft ist, werden von den Weibchen vor einer
Neubelegung im kommenden Jahr selbst gesäubert. Die Nisthilfe
kann das ganze Jahr über draußen bleiben.

Service

Zum Weiterlesen

Kohfink, Marc-Wilhelm: Esoterisch Imkern – die Freunde Anastasias, in: Deutsches Bienenjournal 3/2010, S. 34f.

Lampeitl, Franz: Bienen halten. Verlag Eugen Ulmer, Stuttgart 2006.

Lampeitl, Franz: Bienenbeuten und Betriebsweisen. Verlag Eugen Ulmer, Stuttgart 2009.

Pohl, Friedrich: 1 mal 1 des Imkerns. Franckh-Kosmos, Stuttgart 2009.

Spürgin, Armin: Die Honigbiene - Vom Bienenstaat zur Imkerei. Verlag Eugen Ulmer, Stuttgart 2008.

Tautz, Jürgen. Phänomen Honigbiene. Spektrum Akademischer Verlag, Heidelberg 2007.

Adressen und Internet

Radschleudern werden nur von der Imkerzentrale Görlitz hergestellt und vertrieben
http://www.imkerzentrale.de

Worldextractor des dänischen Herstellers Swienty
http://www.swienty.com

Verwertung von **Propolis**: Reinen Alkohol und die Tropfflaschen erhalten Sie in der Apotheke oder über den Versandhandel Apopharm
www.apopharm.de

Anerkannte **Entsorgungsunternehmen** finden Sie auf der Internetseite
www.ihk-ve-register.de

Ein Verzeichnis von **Steuerberatern**, die sich auf Landwirte spezialisiert haben, finden Sie unter
http://www.hlbs.de

Nähere Informationen zur **Umstellung auf Biologische Imkerei** erhalten Sie bei der Zertifizierungsstelle ABCERT
www.abcert.de

Warré-Beuten als Bausatz:
Anita Thuminger
Kontakt: http://massivholztischler.at

Anleitung zum **Imkern in der Warré-Beute** in einer Übersetzung des Warréschen Originalbuches unter
www.warre-bienenhaltung.de
und www.warré.de

Top-Bar-Hive, Bauplan auf der Internetseite der Welternährungsorganisation
http://www.fao.org/docrep/T0104E/T0104E02.GIF

Kleingartenvereine finden Sie bei Ihrer Stadtverwaltung oder auf der Internetseite
www.kleingartenvereine.de

Bildquellen

Zeichnungen
Helmuth Flubacher, Waiblingen, nach Vorlagen des Autors und aus der Literatur sowie Martin Knapp Kaiser und Berhard Heuvel (Warré-Beute) und Guido Frölich (Kenianische Oberträgerbeute).

Fotos
Silke Beckedorf, Berlin: Titelbild und Umschlagrückseite rechts
pixelio/tokamuwi: Umschlagrückseite links

Innenteil
Silke Beckedorf 42, 111, 135
Guido Frölich 157
Kathrin Gutmann 2/3
Bernhard Heuvel 44, 152
Imkerzentrale Görlitz 80
Erhard Maria Klein 161
Dr. Marc-Wilhelm Kohfink 5, 7, 11, 14, 17, 20, 23, 25, 31, 46, 50, 52, 53, 59, 62, 70, 72, 73, 75, 83, 89, 104 links, 104 rechts, 123, 125, 133, 146, 163, 167, 169, 170
Franz Lampeitl 114, 118
Annette Müller 93
pixelio/Angelina Ströbel 39
Zoonar/Himmelhuber 101

Der Verlag Eugen Ulmer und der Autor bedanken sich ganz herzlich bei der Redaktion des Deutschen Bienenjournals: Silke Beckedorf, Katrin Gutmann und Sebastian Spiewok haben uns die Bilder der „Verlagsbienen" auf dem Dach des Berliner Redaktionsgebäudes der Zeitschrift für das Titelfoto und den Innenteil dieses Buches zur Verfügung gestellt.

Register

Haftungsausschluss

Die in diesem Buch enthaltenen Empfehlungen und Angaben sind vom Autor mit größter Sorgfalt zusammengestellt und geprüft worden. Eine Garantie für die Richtigkeit der Angaben kann aber nicht gegeben werden. Autor und Verlag übernehmen keinerlei Haftung für Schäden und Unfälle.

Impressum

Bibliografische Information der Deutschen Nationalbibliothek

Die Deutsche Nationalbibliothek verzeichnet diese Publikation in der Deutschen Nationalbibliografie; detaillierte bibliografische Daten sind im Internet über http://dnb.d-nb.de abrufbar.

© 2010 Eugen Ulmer KG
Wollgrasweg 41, 70599 Stuttgart (Hohenheim)
E-Mail: info@ulmer.de
Internet: www.ulmer.de
Lektorat: Dr. Eva-Maria Götz
Herstellung: Gabriele Wieczorek
Umschlagentwurf: Atelier Reichert, Stuttgart
Satz: r&p digitale medien, Echterdingen
Druck und Bindung: Firmengruppe APPL, aprinta druck, Wemding
Printed in Germany

ISBN 978-3-8001-6712-8

Gesunde Natur, von der Biene versüßt

Renate Frank

Honig
köstlich und gesund

Ulmer

- **Aktuell** und **praxisbezogen**
- Beantwortet alle Fragen zum Honig
- Mit vielen Rezepten zum **Nachmachen** und **Genießen**

In diesem Buch erfahren Sie wie Honig entsteht und alles über Inhaltsstoffe und ihre Bedeutung für den menschlichen Stoffwechsel, über die Verwendung von Honig in der gesunden Ernährung und über die prophylaktische und therapeutische Wirkung des Honigs. Mit vielen Tipps zur Verarbeitung, Rezepten zum Ausprobieren und Antworten auf die am häufigsten gestellten Fragen zum Honig. Renate Frank ist Ernährungsphysiologin und berät Imker zum Thema Honig als Nahrungs- und Heilmittel.

Honig.

Köstlich und gesund. R. Frank. 2005. 126 S., 16 Farbfotos auf Tafeln, kart. ISBN 978-3-8001-3994-1.

www.ulmer.de